Äquivalenz von Information und Energie.

Der Naturwissenschaftler Dipl.-Math. Klaus-Dieter Sedlacek, Jahrgang 1948, studierte in Stuttgart neben Mathematik und Informatik auch Physik. Nach fünfundzwanzig Jahren Berufspraxis in der eigenen Firma widmet er sich nun seinen privaten Forschungsvorhaben und veröffentlicht die Ergebnisse in allgemein verständlicher Form. Darüber hinaus ist er der Herausgeber mehrerer Buchreihen unter anderem der Reihen „Wissenschaftliche Bibliothek" und „Wissenschaft gemeinverständlich".

Webseite: http://klaus-sedlacek.de

Klaus-Dieter Sedlacek

Äquivalenz von Information und Energie

Die Grundbausteine der Welt
- Neuausgabe -

Wissenschaftliche Bibliothek Bd. 01

Bibliografische Information der Deutschen Bibliothek: Die Deutsche Bibliothek verzeichnet diese Publikation in der Deutschen Nationalbibliografie; detaillierte bibliografische Daten sind im Internet über http://dnb.ddb.de abrufbar.

Neuausgabe

© 2017 Klaus-Dieter Sedlacek
Internet: http://klaus-sedlacek.de
Cover: Sedlacek
Herstellung und Verlag:
BoD - Books on Demand, Norderstedt

ISBN 978-3-7431-1014-4

Inhaltsverzeichnis

0. Vorwort

Das Reich der Physik ist immer gut für Überraschungen. Und manche der Überraschungen beginnen mit Vermutungen namhafter Physiker. Eine in neuerer Zeit häufiger geäußerte Vermutung ist die, dass Information ein Grundbaustein der Welt sei. Vermutungen, die nicht weiter begründet sind, haben allerdings wenig Durchsetzungskraft. Sie werden zwar gelesen oder angehört, doch sie gehören praktisch zum Small Talk der Wissenschaft.

Wenn eine Vermutung zu einer Hypothese oder sogar einer Theorie werden soll, dann braucht der Physiker Formeln. Er braucht das mathematische Werkzeug, damit er auf bequeme Weise Vorhersagen machen kann, die sich durch empirische Daten widerlegen oder bestätigen lassen. Allerdings sind Formeln nicht alles in der Physik. Das zeigt uns die Quantenmechanik. Die Vorhersagen der Quantenmechanik wurden zwar noch niemals widerlegt, aber Formeln können das Phänomen nicht plausibler machen, das als Welle-Teilchen-Dualität bekannt ist, und können schon gar nicht die nichtlokale Wechselwirkung von verschränkten Photonen erklären. Die Physiker haben sich an die Kuriositäten der Quantenmechanik gewöhnt und trösten sich mit exakten mathematischen Vorhersagen.

Doch erst eine gute modellhafte Beschreibung der Wirklichkeit und der beobachteten Phänomene erlaubt es, Neuland zu entdecken. Deshalb soll dieses Buch mit einem philosophisch-physikalischen Modell für das Phänomen der Information beginnen, bevor in einem weiteren Kapitel der bei Physikern so beliebte mathematische Werkzeugkasten skizziert wird. Diese Vorgehensweise zeitigt ein überraschendes Ergebnis: Information ist keineswegs nur eine Angelegenheit der geistigen Ebene. Eine der physikalisch relevanten Informationsarten ist eine Substanz, aus der sogar Elementarteilchen gebildet werden können. In dem Zusammenhang ist „Bedeutung" ein Element der physikalischen Realität. Die Anwendung der neu gewonnenen Erkenntnisse auf Einsteins allgemeine Relativitätstheorie führt zu der Folgerung, dass selbst Raum und Zeit aus Information entstanden sind. Überraschender kann das Ergebnis kaum sein.

Um möglichst allgemein verständlich zu bleiben, habe ich, falls es die Darstellung erlaubte, auf Fachbegriffe verzichtet. Das war leider nicht überall möglich. Ich denke aber, dass heute mithilfe des Internets unbekannte Begriffe sehr schnell geklärt werden können. Des weiteren beschränkte ich die verwendete Mathematik hauptsächlich auf die Schulalgebra. Das ist der Grund, warum manche Ansätze nicht in vollster Allgemeinheit diskutiert werden konnten. Die Verständlichkeit hat dadurch aber keineswegs gelitten, sondern deutlich zugenommen, wie mir die Erstleser meines Manuskripts versicherten.

Lassen Sie sich nun in ein physikalisches Neuland einführen und freuen Sie sich auf die Überraschungen, die auf Sie warten.

Stuttgart, den 15.12.2009

Klaus-Dieter Sedlacek

1. Vorwort zur Neubearbeitung

Seit den ersten beiden Auflagen sind nun schon sieben Jahre vergangen. In dieser Zeit bin ich immer wieder mit dem Thema der Äquivalenz von Information und Energie konfrontiert worden. Und so ergab es sich, dass ich zur Klarstellung und Verdeutlichung an anderer Stelle Einiges geschrieben habe, was eigentlich in dieses Buch hineingehört. Deshalb habe ich mich entschlossen, eine Neubearbeitung herauszugeben. Das Neue betrifft hauptsächlich den naturphilosophischen Teil. Außerdem sind einige Bilder hinzugekommen nach dem Motto: Ein Bild sagt mehr als 1000 Worte. Schließlich habe ich einige Klarstellungen eingefügt und die eine oder andere weniger geglückte Formulierung durch eine besser verständliche ersetzt. Der mathematische Teil ist dagegen unverändert geblieben. Ich hoffe, dass auf diese Weise die Verständlichkeit des Werks zugenommen hat.

Stuttgart, im Frühjahr 2017

Klaus-Dieter Sedlacek

2. Information und Bedeutung in der physikalischen Realität

2.1 Ist Information der Grundbaustein der Welt?

Information prägt unser Leben. Die Wissenschaften Informatik und Nachrichtentechnik, deren Arbeitsgebiet die Information ist, begegnen uns auf Schritt und Tritt. Bedeutende Physiker glauben, Information sei ein wesentlicher Grundbaustein der Welt[1].

Wie kommen Physiker zu solch einer Annahme? Ist Information nicht eher ein Konstrukt der geistigen Ebene als ein Grundbaustein der Welt? Wo begegnen wir überall der Information? Nicht nur am heimischen PC, sondern auch bei unserm liebsten Kind, dem Auto, das in der Werkstatt an einen Diagnosestecker angeschlossen wird, beim Fahrkartenautomaten, der sogar auf unsere Geldscheine passend herausgibt oder beim Empfang digitaler Fernsehsignale vom Satelliten, kommen wir mit Information in Berührung. Information findet sich in der Natur, nämlich als die äußere Form von Pflanzen, Tieren oder geologischen Gegebenheiten. Und nicht nur die äußere Form, sondern auch die Anordnung der Elementarteilchen, die je nach Zusammenstellung andere Elemente

---

1 Zitat: „Es stellt sich letztendlich heraus, dass Information ein wesentlicher Grundbaustein der Welt ist." Interview mit Prof. Dr. Anton Zeilinger, veröffentlicht von Andrea Naica-Loebell am 7.5.2001 auf http://www.heise.de/tp/r4/artikel/7/7550/1.html

bilden, ist Information. Sollte Information tatsächlich etwas Stoffliches sein?

Alles was wir um uns herum sehen und unterscheiden können, hat eine Form, ein Muster oder ist auf eine bestimmte Weise angeordnet. Und wenn aufgrund dieser Tatsache etwas unterschieden werden kann, dann enthält es Information. Ein Muster oder die Anordnung, generell also die Form stellt die syntaktische Seite der Information dar. Das ist wie die Grammatik einer Sprache. Sätze können grammatikalisch richtig sein, aber dennoch keinen Sinn ergeben, wie beispielsweise folgender: „Eckige Sätze sind grün." Analoges gilt für beliebige Formen, seien es Punkte, Striche oder chinesische Schriftzeichen, wenn wir nicht gelernt haben sie zu deuten.

2.2 Shannons bahnbrechende Arbeit

Information ohne Bedeutung, also nur Muster oder Formen, möchte ich als statistische Information bezeichnen. In der Literatur findet man stattdessen meist die Bezeichnung „syntaktische Information". Mithilfe der mathematischen Statistik können Regelmäßigkeiten in dieser Art von Information entdeckt werden. Dazu betrachten wir zwei Zeichenfolgen I1 und I2 aus jeweils 20 Nullen oder Einsen:

I1 = {01010101010101010101}

I2 = {10011010111101000100}.

Bei der Zeichenfolge I1 erkennen wir auch ohne mathematisches Werkzeug die Regelmäßigkeit der Zeichen 01, die sich zehnmal wiederholen. Bei der Zeichenfolge I2 kann selbst mithilfe statistischer Werkzeuge keine Regelmäßigkeit entdeckt werden.

In der Nachrichtentechnik hat man gern Regelmäßigkeiten, denn diese erlauben es, Information zu komprimieren. Im Fall von I1 benötigt man zur Informationsübertragung an einen Empfänger nur 6 Bit. Bit ist die Einheit der Information. Zwei Bit sind für die Zeichen 01 nötig und vier Bit für die Angabe, dass die Zeichen zehnmal wiederholt werden sollen. Im Fall von I2 benötigt man für die zwanzig Zeichen 20 Bit zur Übermittlung. Hier ist keine Komprimierung möglich.

Der amerikanische Mathematiker Claude E. Shannon (* 30. April 1916; † 24. Februar 2001) gilt als Begründer der Informationstheorie. Er machte sich über die Bedingungen der Informationsübertragung Gedanken. 1948 veröffentlichte er seine bahnbrechende Arbeit über „Mathematische Grundlagen in der Informationstheorie". Dabei erwähnte er auch zum ersten Mal schriftlich die Informationseinheit Bit. Außerdem bezog er das aus der Physik bekannte Konzept der Entropie mit ein. Von der Entropie wird weiter unten noch die Rede sein.

Statistische Information wird durch die Unterscheidbarkeit der Form oder des Musters charakterisiert. Unterscheidung setzt mindestens zwei verschiedene Möglichkeiten voraus. Jede Unterscheidung von zwei Möglichkeiten kann durch eine einzige Ja-Nein-Frage geklärt werden. Beispielsweise kann gefragt werden: „Ist die erste Stelle der Zeichenfolge I2 eine 1?", „Ist die zweite Stelle der Zeichenfolge I2 eine 1?", „Ist die dritte Stelle der Zeichenfolge I2 eine 1?", usw. Die Beantwortung der Ja-Nein-Fragen stellt jeweils ein Bit Information dar.

Im Fernsehen gibt es häufig Ratespiele, wie das heitere Beruferaten. Dabei soll ein Rateteam durch Fragen den Beruf eines Kandidaten herausfinden. Die Fragen müssen so gestellt werden, dass diese durch Ja oder Nein beantwortet werden können. Auch hier ist jede Antwort ein Bit Information. Allerdings hat jede Ja-Nein-Frage ihre eigene Bedeutung, die der Kandidat richtig erfassen muss. Sonst kommt es zu einer fehlerhaften Beantwortung.

2.3 Die physikalische Realität von Information und Bedeutung

Bedeutung ist ein wichtiger Aspekt von Information. Erst eine physikalische Bedeutung zusammen mit Mustern oder Formen (statistische Information) ergibt eine vollständige Information, die „Strukturinformation" heißen soll.

Bedeutung ist keine absolute Größe. Gleiche Muster können unterschiedliche Bedeutung haben. Das Buchstabenmuster „T A U" kann den 19-ten Buchstaben des griechischen Alphabets bedeuten oder ein gedrehtes Seil oder einen Niederschlag frühmorgens auf der Wiese. Welche Bedeutung ein Muster hat, ist deshalb immer von dem System abhängig, auf das es sich bezieht. Im Beispiel steht als Bezugssystem das griechische Alphabet, das Schifffahrtswesen oder die Natur zur Auswahl. In Wirklichkeit ist die Auswahl noch größer und es kann sein, dass für viele Bezugssysteme das Buchstabenmuster überhaupt keine Bedeutung hat. Wenn man ägyptische Hieroglyphen als Bezugssystem wählt, dann hat TAU darin bestimmt keine Bedeutung. Die Bedeutung im obigen Beispiel ist eine abstrakte Bedeutung, die nur in den Köpfen der Menschen existiert. Weiter unten werden wir hauptsächlich von konkreten physikalischen Bedeutungen reden, denn nur für eine physikalische Bedeutung werden wir auch eine Äquivalenzbeziehung zwischen Information und Energie finden.

Welches Bezugssystem muss zur Anwendung kommen, um Mustern eine physikalische Bedeutung zukommen zu lassen? Statistische Information und Strukturinformation sind zunächst als idealistische Begriffe der abstrakten geistigen Ebene eingeführt worden. Information besitzt in dieser Ebene keine physikalische Realität und damit keinerlei Äquivalenz zur Energie. Es gibt allerdings auch keine Hinweise, dass auf rein geistiger Ebene unabhängig von physikalischen Prozessen Entscheidungen getroffen werden können. Für Entscheidungen benötigt man zumindest hilfsweise die physikalische Ebene und auf dieser kann eine Gehirnfunktion oder ein anderer physikalischer Prozess Entscheidungen treffen.

Wenn Entscheidungen physikalische (Gehirn-) Prozesse sind, dann muss die Bedeutung der Entscheidung und die zugehörige Information irgendwie zur physikalischen Ebene gehören, denn es kann keine Interaktion zwischen einer abstrakten (ideellen) und der physikalischen Ebene geben. Sonst würden wir in Harry Potters Welt leben, in der ständig physikalische Gesetze durchbrochen werden. Insbesondere würde dann einer der fundamentalsten Sätze der Physik, der Energieerhaltungssatz nicht mehr gelten und wir könnten mithilfe eines Perpetuum mobile sämtliche Energieprobleme unserer

Zeit lösen.

Ein weiteres Argument für die physikalische Realität von spezifischen Informationsarten ist folgende Überlegung: Nehmen wir einmal an, es gäbe abstrakte Information als eine Art geistiger Substanz. Eine Substanz ist etwas, das aus sich selbst heraus existiert. Dann bräuchte abstrakte Information keinen physikalischen Träger, sondern würde unter dieser Voraussetzung aus sich selbst heraus existieren. Nehmen wir weiter an, wir könnten aus einer endlichen Anzahl abstrakter Bits ein Byte (= 8 Bit) zusammenstellen, dann ergäbe sich ein logischer Widerspruch. Wenn kein Informationsträger vorhanden ist, muss man wenigstens die Zusammengehörigkeit von zwei Bits kennzeichnen. Dazu braucht es ein weiteres Bit. Die Zugehörigkeit des weiteren Bits zu den vorherigen muss ebenfalls gekennzeichnet werden. Dazu braucht man wieder ein Bit. Das geht endlos weiter. Man braucht immer weitere Bits um die Zugehörigkeit eines Bits zu den übrigen zu kennzeichnen. Die unendliche Anzahl Bits, die benötigt wird, um ein Byte zusammenzustellen, ist ein Widerspruch zur Annahme. Deshalb existiert keine abstrakte Information ohne einen physikalischen Träger. Das heißt aber nicht, dass Information nicht eine Substanz der physikalischen Realität sein kann und für sich selbst ein Informationsträger ist (siehe Substanz-information, Seite 38).

In dem Zusammenhang darf nicht verschwiegen werden, dass es Wissenschaftler[2] gibt, die meinen, Materie

---

2 Penrose (1989)

könne keine Bedeutung hervorbringen[3]. Ihre Argumentation ist ähnlich der vorherigen:

Wenn Materie Bedeutung hervorbringt, dann sei es auch möglich, einen Computer für die Verarbeitung von Bedeutung zu programmieren. Man könnte dann ein Symbol, das auf Hardwareebene zu einem bestimmten materiellen Objekt gehört, der Bedeutung zuordnen. Um die Bedeutung des Bedeutungssymbols im Computer darstellen zu können, benötige man ein weiteres Symbol. Das geht endlos weiter. Man brauche immer weitere Symbole, um die Bedeutung des Bedeutungssymbols darzustellen. Es gibt aber keinen Computer, der groß genug ist, eine endlose Folge von Symbolen zu speichern. Deshalb kann Materie nach dieser Argumentation keine Bedeutung hervorbringen.

Was zunächst wie ein unumstößlicher Beweis erscheint, ist bei genauerer Betrachtung nicht stichhaltig. In der Argumentationskette wird Bedeutung einem materiellen Objekt zugeordnet. Es wird so getan, als würde die materielle Welt nur aus Objekten bestehen und aus sonst nichts. Wer sich aber schon einmal mit dem Standardmodell der Elementarteilchenphysik beschäftigt hat, der weiß, dass es zwischen den Objekten, d. h. Teilchen, auch Wechselwirkungsmechanismen gibt. Als Wechselwirkung wird der von einem Teilchen auf ein anderes ausgeübte Einfluss bezeichnet. Zwischen elektrisch geladenen Teilchen kommt es beispielsweise zur Anziehung oder Abstoßung. Erst durch die Wechselwirkungsmechanismen wird Materie zu dem, was sie ist. Da in der Beweisführung nur Objekte berücksichtigt wurden, ohne die Wechsel-

---

3   Vgl. Goswami, Amit (2009), S. 31 f.

wirkungsmechanismen zwischen den Objekten, folgt daraus ein nicht stichhaltiges Ergebnis.

Wie man unter Berücksichtigung der Wechselwirkungsmechanismen zwischen den Elementen eines Systems auf ein ganz anderes Ergebnis kommt, zeigen die weiteren Ausführungen.

2.4 Entropie und Information

Was mag die physikalische Entsprechung von Information sein? Infrage kommt entweder eine Substanz der physikalischen Realität oder eine Eigenschaft. Eine Eigenschaft ist das zu einer Substanz gehörende Merkmal. Beispielsweise ist das Gewicht eines Körpers eine Eigenschaft, denn Gewicht kann nicht aus sich selbst heraus existieren.

Es ist Shannons Verdienst, dass eine Verbindung zwischen Information und Physik erkennbar wurde. Er führte den Begriff Entropie als Maß für den mittleren Informationsgehalt eines Zeichens ein. Der mittlere Informationsgehalt ist allerdings eine mathematische Größe und keine physikalische. Shannons Entropie ist deshalb nur etwas Abstraktes. Der Verbindung zur Physik ergibt sich durch einen anderen Umstand.

Entropie, als zentraler Begriff der Wärmelehre, lässt sich als das Verhältnis von Wärmemenge zu absoluter Temperatur definieren. Ursprünglich wurde der Begriff in der Thermodynamik eingeführt, um zu beurteilen, wie viel von einer gegebenen Wärmemenge, die beispielsweise in einem Dampfkessel steckt, in Arbeit umgewandelt werden kann. Eine Wärmemenge, die nur Umgebungstemperatur besitzt, wird als Abwärme bezeichnet. Mit Abwärme kann weder Arbeit verrichtet noch Elektrizität erzeugt werden. Abwärme besitzt eine hohe Entropie, während die Wärmemenge im gut beheizten Dampfkessel eine niedrigere Entropie hat. Aus diesem Entropieunterschied lässt sich die Arbeitsfähigkeit berechnen. Eine so eingeführte Entropie hat einen physikalische Bezug, d. h. eine physikalische Bedeutung.

Das Interessante an der Entropie ist, dass sie nicht nur mit Arbeitsfähigkeit, sondern wie vom Physiker Ludwig Boltzmann (* 20. Februar 1844; † 5. September 1906) entdeckt, auch mit Information in Zusammenhang gebracht werden kann. Boltzmann überlegte sich zunächst, wie viel Moleküle des Wasserdampf-Gases in einem Dampfkessel bei bekannter Temperatur wohl herumfliegen. Dann machte er sich Gedanken darüber, welches Wissen ihm fehlte. Er wusste nichts über die Mikrozustände der einzelnen Moleküle, das heißt, er wusste weder wo sie sich genau aufhielten, noch wohin sie flogen und auch nicht, mit welcher Geschwindigkeit sie sich bewegten. Das Einzige, was er ausrechnen konnte, war die Anzahl der Mikrozustände. Wenn man Boltzmanns Originalarbeit einsieht, dann erkennt man, dass auch diese Rechnung einen enormen Aufwand erforderte. Aber sie war von Erfolg gekrönt. Die errechnete Anzahl ist praktisch die unbekannte Information in Bit, der von Shannon eingeführten Informationseinheit. Als Boltzmann den Logarithmus der Anzahl der Mikrozustände nahm und mit der nach ihm benannten Boltzmann-Konstante multiplizierte, ergab sich als Ergebnis wunderbarerweise gerade die thermodynamische Entropie. Boltzmann hatte eine fundamentale Beziehung gefunden: Die Boltzmannbeziehung und die mathematische Formel dieser Beziehung ist die gleiche wie die Formel für die Shannon-Entropie. Eine wunderbare mathematische Übereinstimmung. Ist damit Information etwas Physikalisches? Ganz so einfach liegen die Verhältnisse nicht.

Die Boltzmannbeziehung definiert zunächst nur unbekannte Information (hier die Zahl der Mikrozustände) als Entropie. Im praktischen Leben kann man beispielsweise sofort die Entropie einer DVD angeben. Wenn die DVD 4,7 GB Speicherplatz besitzt, dann beträgt die Entropie der DVD in GB-Einheiten, genau 4,7, weil die Zahl der Mikrozustände dieser DVD gleich groß ist. Mithilfe der Boltzmannbeziehung könnte man sogar die Entropie in die Einheit umrechnen, die üblicherweise in der Wärmelehre verwendet wird: Joule dividiert durch Grad.

Die Boltzmannbeziehung sagt aber noch viel mehr aus, als man ihr zunächst ansieht. Genauso wie man aus einem Entropieunterschied die Arbeitsfähigkeit berechnen kann, lässt sich mit dieser Beziehung aus einem Informationsunterschied ebenfalls die Arbeitsfähigkeit berechnen. In der Physik wird das, was fähig ist, Arbeit zu verrichten, als Energie bezeichnet. Information lässt sich also in Energie umwandeln und umgekehrt, wie die folgende Schlussfolgerung zeigt:

Die thermodynamische Entropie-Differenz ist äquivalent zu einem Energiebetrag. Gleichzeitig ist die Entropie äquivalent zu einer Informationsmenge. Also ist eine Informations-

differenz auch äquivalent zu einem Energiebetrag. Oder verkürzt ausgedrückt, Information ist äquivalent zu Energie.

Daraus folgt die überraschende Erkenntnis, dass es für Information etwas Ähnliches geben muss wie Albert Einsteins Äquivalenzbeziehung zwischen Energie und Masse ($E=mc^2$): Information muss auch äquivalent zu Masse sein.

Die „Äquivalenz von Information und Energie" erfordert zum Verständnis weitere Überlegungen. Ergänzend muss man erwähnen, dass nichtphysikalische Information, nämlich die Information der rein geistigen Ebene, die wir als Wissen bezeichnen, entweder nur ein modellhaftes Abbild der physikalischen Realität ist oder ein geistiges Konstrukt, dem keinerlei physikalische Realität zugeordnet werden kann, außer der Realität des Informationsträgers.

2.5 Bedeutung auf physikalischer Ebene

Was muss gegeben sein, damit man beispielsweise einem Gebilde die Bedeutung „Stuhl" zuordnen kann? Müssen Sitzfläche, Stuhlbeine und Rückenlehne gegeben sein? Daraufhin muss man weiter fragen, was gegeben sein muss, dass man Gebilden die Bedeutung Sitzfläche, Stuhlbein oder Rückenlehne zuordnen kann. Die gleichen Fragen müsste man mit wechselnden Bezeichnungen immer wieder stellen. Es ginge endlos weiter. Immer wieder neue Fragen folgten, um die Bedeutung des Gebildes der vorangegangenen Frage zu erfassen. Niemals aber gäbe es eine

Antwort auf die erste Frage, welche endlich einem Gebilde die Bedeutung „Stuhl" zuordnet.

Weiter oben wurde schon einmal so eine Argumentationskette betrachtet, die auf eine endlose Folge führte. Manche Wissenschaftler hatten daraus fälschlicherweise gefolgert, dass Materie keine Bedeutung hervorbringen kann. Auch andere Überlegungen, die allein von Objekten ausgehen, führen nicht zum gewünschten Ergebnis, wie die beiden nächsten Beispiele zeigen.

Beispiel Material: Muss das Material gegeben sein, damit man einem Gebilde die Bedeutung „Stuhl" geben kann? Ein Stuhl ist häufig aus Holz, manchmal aus Kunststoff oder Metall. – Aber ein Gebilde aus Holz, Kunststoff oder Metall muss kein Stuhl sein.

Beispiel Form: Die Sitzfläche könnte quadratisch, länglich oder rund sein. – Nur ein quadratisches, längliches oder rundes Gebilde muss nicht die Sitzfläche eines Stuhls sein.

Wie also kommen wir dazu zu sagen, dass ein Etwas etwas Bestimmtes ist? Die Lösung liegt wie schon vorher angedeutet im Wechselwirkungsmechanismus. Wir dürfen das Etwas nicht als ein Objekt, sondern müssen es als ein System betrachten. Ein System ist ein Gebilde, das aus einer Gesamtheit an Elementen besteht, die miteinander in Beziehung stehen und auf eine Weise wechselwirken, dass sie als eine aufgaben-, sinn- oder zweckgebundene Einheit angesehen werden. Bei dem Gebilde unseres Beispiels sind die Stuhlteile die Elemente des Systems. Um dem System eine Bedeutung zuzuordnen, müssen wir nicht die Bedeutung der Teile kennen, und diese auch keineswegs mit Bein,

Lehne, Sitzfläche benennen. Wie benennen die Teile trotzdem wegen der einfacheren sprachlichen Handhabung.

Zwischen den Stuhlteilen existieren Wechselwirkungsmechanismen, die wir hier als Relationen bezeichnen wollen. Wenn Relationen zwischen den Elementen Beine, Lehne und Sitzfläche gegeben sind, die Sitzen möglich machen, dann kann man dem System (oder Gebilde) die Bedeutung „Stuhl" zuordnen. Es kommt nur auf die Relationen zwischen den Teilen an, nicht auf die Teile selbst und nicht auf die Form der Teile oder das Material, denn jedes Teil für sich muss nicht das Teil eines Stuhls sein. Dadurch ist es auch bei künstlerisch verfremdeten Objekten möglich zu sagen, ob es sich um einen Stuhl handelt oder nicht.

Es ist kein Beobachter nötig, der auf geistiger Ebene ein Urteil fällt und damit physikalischen Objekten eine (geistige) Bedeutung zuordnet. Das, was ein Beobachter durch sein Urteil zuordnen könnte, ist nur ein auswechselbarer Begriff, der für Kommunikationszwecke benötigt wird, nicht aber die Bedeutung selbst. Die Bedeutung eines Systems der physikalischen Realität ergibt sich bereits auf physikalischer Ebene durch die Relationen zwischen den Elementen des Systems. Eine einzelne Relation zwischen zwei Elementen eines Systems stellt bereits eine physikalische Bedeutung dar.

Ein einfaches Beispiel dazu: In einem System, das aus Kompassnadel und Magnet besteht, existiert eine Relation zwischen den beiden Elementen. Physikalisch gesehen ist die Relation der Wechselwirkungsmechanismus des magnetischen Feldes, das vom Magneten ausgeht. Die

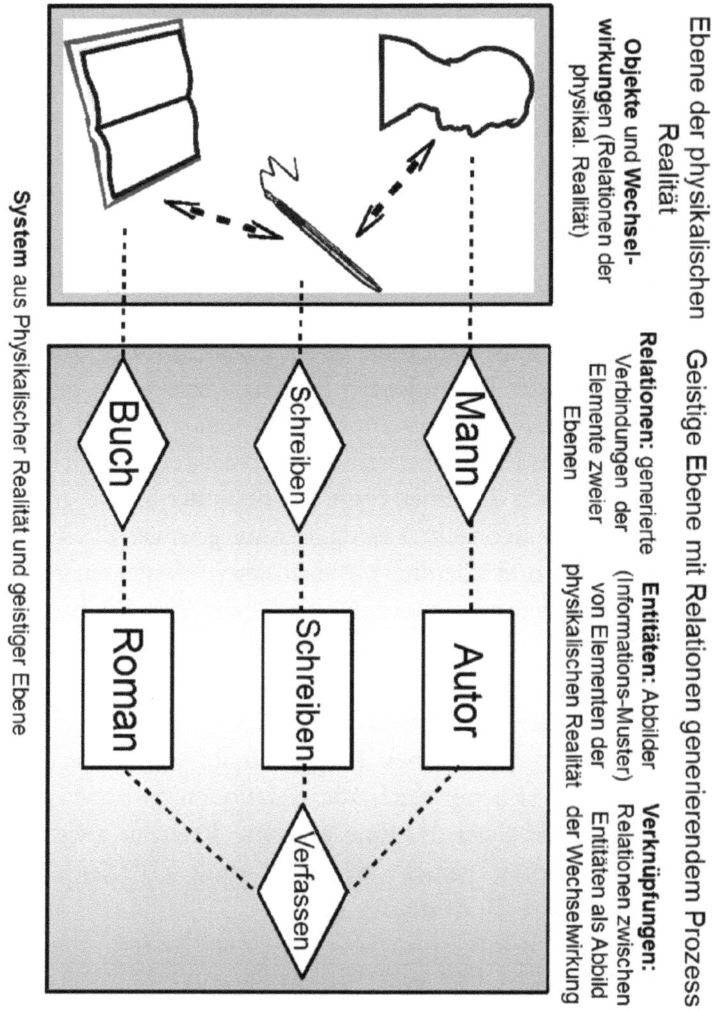

Abb. 1: Die Grafik verdeutlicht den Zusammenhang von physikalischer Bedeutung, die dem Wechselwirkungsmechanismus entspricht, und der Bedeutung, die auf der abstrakten geistigen Ebene entsteht anhand von „Verfassen" eines Romanes.

Relation ist die Bedeutung, die der Magnet für die Kompassnadel hat. Bringt man in das System ein drittes Element ein, beispielsweise ein Thermometer, dann existiert weder eine Relation zwischen dem Thermometer und dem Magneten noch zwischen dem Thermometer und der Kompassnadel. Deshalb haben weder Kompassnadel noch Magnet eine Bedeutung für das Thermometer, denn zwischen dem Thermometer und den anderen Gegenständen existieren keine Wechselwirkungen.

Das Beispiel zeigt, dass Bedeutung keine absolute Größe ist, die für sich alleine steht. Bedeutung ist vielmehr eine zweistellige Relation von etwas für etwas. Deshalb kann es eine Bedeutung nur in Systemen mit mindestens zwei Elementen geben. Das Gleiche gilt für Bedeutungen, die auf geistiger Ebene existieren.

2.6 Bedeutung auf geistiger Ebene

Denken wir an das Buchstabenmuster „T A U" (siehe weiter oben). Für sich allein bedeutet das Muster nichts. Es werden weitere Elemente benötigt, die zusammen mit dem Buchstabenmuster ein System bilden. Wenn diese weiteren Elemente etwa das griechische Alphabet sind, dann gibt es eine Relation zwischen dem 19-ten Element des Alphabets und dem Buchstabenmuster. In der physikalischen Realität ist diese spezifische Relation allerdings ohne Bedeutung, ihre Bedeutung bekommt sie auf geistiger Ebene.

Es ist denkbar, dass es Relationen zwischen je einem Element der physikalischen Realität und der geistigen Ebene gibt. Wenn das Buchstabenmuster TAU und die

Wiese am frühen Morgen zusammen ein System bilden, dann haben wir so einen Fall. Immer wenn zwei unterschiedliche Ebenen in einer zweistelligen Relation miteinander verknüpft sind, gehört die Bedeutung nicht der physikalischen Realität an, sondern der geistigen Ebene. Unter bestimmten Umständen kann sie jedoch ein Abbild der Realität sein. Sind zwei Element innerhalb der physikalischen Ebene durch eine Relation verbunden, dann liegt eine physikalische Bedeutung vor und die Relation ist eine Wechselwirkung.

Deutlich wird dieser Umstand bei vielen Redewendungen unserer Sprache. Beispiel: Die Bedeutung von „Heinrich ist Feuer und Flamme" ist nicht so zu verstehen, dass Heinrich als Objekt der Realität in Wechselwirkung mit einem Scheiterhaufen steht. Vielmehr wurde ein Element der physikalischen Realität mit der geistigen Ebene verbunden. „Feuer und Flamme" ist nicht das Abbild der Realität, sondern etwas Äquivalentes der geistigen Welt zu „hellauf begeistert".

Damit das idealistische TAU einer physikalischen Bedeutung entspricht, muss eine Relation zwischen den Elementen des Systems „Niederschlag" und „Wiese" existieren. Der Begriff Tau ist dann nur das geistige Abbild von dem, was in der physikalischen Realität existiert, und das reale Äquivalent von Tau, der Niederschlag, ist eine Wechselwirkung mit der Wiese eingegangen.

Der Prozess, der Abbilder von Elementen und Relationen zwischen unterschiedlichen Ebenen erzeugt, soll „Relationen generierender Prozess" (RGP) heißen. Ein Prozess ist definiert, als die Gesamtheit von aufeinander einwirkenden Vorgängen in einem System, durch die Materie, Energie oder auch Information umgeformt, transportiert oder auch gespeichert wird[4]. Die Grafik (Abb. 1) verdeutlicht den Zusammenhang zwischen einem System aus Elementen unterschiedlicher Ebenen, Abbildern und Relationen, die ein generierender Prozess erzeugt.

Die Grafik soll zeigen, wie die Bedeutung von „Verfassen eines Romans" auf geistiger Ebene entsteht. „Verfassen" ist im Beispiel als das Abbild einer physikalischen Bedeutung zu verstehen. In der Realität existieren deshalb solche Wechselwirkungen zwischen einem Mann (oder einer Frau) seinem Schreibwerkzeug und einem Buch, die das Entstehen eines Romans möglich machen. Jedes einzelne Element der Realität wird durch einen Relationen generierenden Prozess auf eine Entität (Autor, Schreiben, Roman) der geistigen Ebene abgebildet. Mit Entität ist etwas Existierendes gemeint, dessen Eigenschaften man nicht genauer angeben kann. Keines der Entitäten hat für sich allein die Bedeutung von „Verfassen eines Romans". Die Bildung von Relationen zwischen den Entitäten ist die Voraussetzung für Bedeutung, aber Relationen allein auf geistiger Ebene entsprechen keiner Bedeutung der Realitätsebene. Nur wenn die Relation „Verfassen" das Abbild physikalischer Wechselwirkungen ist, die das Entstehen eines Romans möglich machen, hat „Verfassen" eine Bedeutung in der Realität, so wie im Beispiel.

Aus den vorangegangenen Überlegungen folgt: Der Relationen generierende Prozess muss selbst in Wechselwirkung mit der physikalischen Ebene stehen und ein

---

4   DIN 19226 (1994)

System der Realität sein. Ohne einen solchen Prozess kann es auch auf geistiger Ebene keine Bedeutung geben. Bedeutungen, die zur geistigen Ebene gehören, müssen jedoch keine Entsprechungen in der Realität haben, wie das Beispiel der Redewendung „Feuer und Flamme" zeigt.

In den weiteren Ausführungen wird der Begriff Bedeutung, wenn nichts anderes gesagt wird, nur noch im Sinn von physikalischer Bedeutung verwendet.

2.7 Strukturinformation

Es stellt sich jetzt die Frage nach dem Wesen von jener Information, die eine Einheit mit ihrer physikalischen Bedeutung bildet. Diese Art von Information, nennen wir Strukturinformation. Die physikalische Bedeutung als Teil der Strukturinformation liegt auf einer anderen Wirklichkeitsebene, als die Shannonsche Entropie (statistische Information). Sie entspricht dem, was der Physiker unter einer Wechselwirkung versteht. Da Wechselwirkung eine Relation zwischen zwei oder mehr Elementen eines Systems ist, ist sie in philosophischer Deutung weder eine Eigenschaft noch eine Substanz. Kann sie unabhängig existieren wie eine Substanz? Die Frage muss verneint werden, denn die Wechselwirkung benötigt zwei Elemente einer Substanz für ihre Existenz. Weil sie eine Beziehung zwischen zwei Elementen schafft, hat sie die Fähigkeit etwas zu bewirken. In der Physik wird die Fähigkeit etwas zu bewirken, als Kraft bezeichnet. Daraus folgt: Physikalische Bedeutung ist eine Kraft.

Zur eingehenderen Diskussion der Strukturinformation

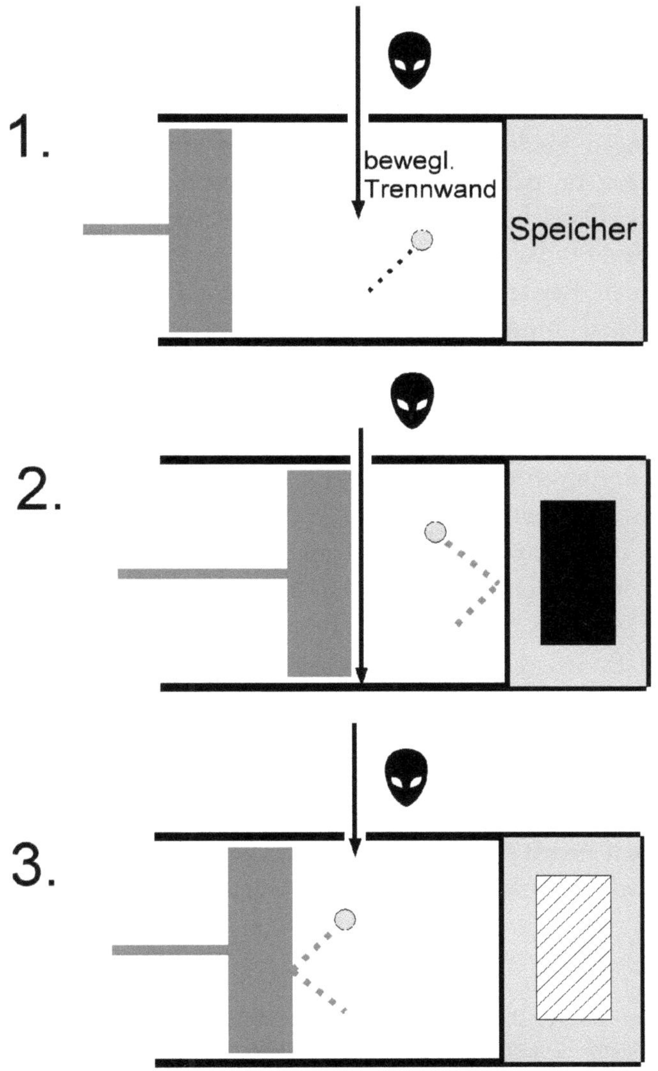

Abb. 2: Vereinfachte Szilard-Maschine für den Nachweis der Äquivalenz von Information und Energie

kann man auf den Arbeiten von Szilard[5] und Bennet[6] aufbauen und weitere theoretische Überlegungen über das Wesen von Information und Energie anstellen. Die Überlegungen beider Forscher basieren auf einem Gedankenexperiment, das der Physiker J.C. Maxwell 1871 veröffentlichte. Danach könnte ein intelligentes Wesen („Maxwells Dämon[7]"), das fähig ist, Moleküle zu beobachten, die bekannten Begrenzungen der physikalischen Welt eventuell umgehen und eine geeignete Maschine zu einem Perpetuum mobile machen. Da die Existenz eines Perpetuum mobile als nicht vereinbar mit dem Energieerhaltungssatz gilt, muss irgendwo ein Fehler in Maxwells Überlegungen stecken, aber wo?

Szilard nahm sich im Jahr 1929 des Problems an. Er hat sich, um „Maxwells Dämon" auf die Schliche zu kommen, eine wesentliche Vereinfachung ausgedacht. Seine Version von Maxwells Maschine besteht aus einem Zylinder, der an zwei Enden durch Kolben verschlossen ist. Der Zylinder enthält nur ein einziges Gasmolekül. Eine bewegliche Trennwand soll dieses Molekül in der linken oder rechten Hälfte des Zylinders einschließen. Je nachdem, in welcher Hälfte das Molekül sich befindet, kann danach einer der Kolben Arbeit verrichten. Auf dieser Grundlage untersuchte Szilard die einzelnen Phasen des Arbeitszyklus und kam zu

---

5 Szilárd (1929)

6 Vgl. Bennet (1988)

7 Der **Maxwell-Dämon** ist ein vom schottischen Physiker James Clerk Maxwell 1871 veröffentlichtes Gedankenexperiment. Das Dilemma, das aus diesem Gedankenexperiment resultierte, wurde von vielen namhaften Physikern bearbeitet und führte zu der Erkenntnis, dass zwischen Information und Energie ein grundlegender Zusammenhang besteht.

der Einschätzung, dass die Beobachtung des Moleküls, um herauszufinden, wo es sich aufhält, Energie kostet. In der Summe wäre nichts gewonnen.

Fast sechs Jahrzehnte später nahm sich Bennet noch mal die einzelnen Arbeitszyklen von Szilards Maschine vor. Mit den Ansätzen seines Kollegen Rolf Landauer kam er im Gegensatz zu Szilard zum Ergebnis, dass es nicht der Beobachtungsprozess ist, der Energie kostet. Zum Beweis konstruierte er eine modifizierte Szilard-Maschine, die ohne Lichtteilchen auskommt und deshalb für die Gewinnung der Information über den Aufenthaltsort des Gasmoleküls keine Energie benötigt. Die Information selbst wird danach in einem Speicher festgehalten. Bennet kam zu dem Schluss, dass die Energiekosten erst entstehen, wenn der Speicher geleert werden muss, um für den nächsten Arbeitszyklus bereit zu sein. Unabhängig davon, wann die Energiekosten anfallen, wäre auch nach Bennetts Überlegungen die Maschine mit Maxwells Dämon kein Perpetuum mobile. Daraus folgt die Erkenntnis, dass die Speicherung von Information offensichtlich keine Energiekosten verursacht, sondern nur deren Löschung.

Interessant erscheint die Verbindung zwischen der Information über den Ort des Moleküls und dem daraus gewonnenen Äquivalent an mechanischer Arbeit. Um diese Verbindung genauer zu untersuchen, kann Szilards Maschine weiter vereinfacht und die drei Arbeitsschritte hervorgehoben werden, die zum Verständnis einer möglichen Äquivalenz von Information und Energie beitragen.

Die vereinfachte Szilard-Maschine besitzt ebenso wie

die ursprüngliche einen Zylinder, aber statt zwei nur einen Kolben. Die bewegliche Trennwand ist gleichfalls vorhanden. Auf der rechten Seite befindet sich ein Informationsspeicher, der ein Bit an Information aufnehmen kann. Im Zylinder bewegt sich ein einziges Molekül. Maxwells Dämon oder eine entsprechende Apparatur beobachtet nun, wo sich das Molekül aufhält (Abb. 2.1). Befindet es sich im rechten Teil des Zylinders, lässt der Dämon die Trennwand herunter und merkt sich den Ort des Moleküls. Das ist angedeutet durch das Bit im Speicher. Der Kolben wird nun zur Hälfte eingeschoben, bis er die Trennwand berührt (Abb. 2.2). Weder die Speicherung der Information kostet Energie, wie weiter oben angeführt, noch die Verschiebung von Trennwand und Kolben, weil sich beide mechanischen Teile reibungslos im leeren Raum bewegen. Vielmehr kann jetzt mechanische Arbeit, also Energie gewonnen werden. Dazu muss nur die Trennwand wieder hochgezogen werden. Dann nämlich stößt das Molekül gegen den Kolben (Abb. 2.3) und verrichtet auf diese Weise mechanische Arbeit. Die Information über den Aufenthaltsort des Moleküls ist auf diese Weise äquivalent zu einem entsprechenden Energiebetrag. Nach der Verrichtung der Arbeit ist das Informationsbit im Speicher wertlos geworden (= statistische Information ohne Bedeutung), d. h., es existiert keine zu einer Arbeitsverrichtung nutzbare Beziehung mehr. Das Bit hat keine Information über den Aufenthaltsort des Moleküls und kann deshalb nicht für die Gewinnung weiterer mechanischer Arbeit verwendet werden. Es muss sogar unter Aufwendung von Arbeit vor dem nächsten Zyklus gelöscht werden.

Wenn man Bennetts Deutung von Szilards Maschine folgt, muss man von der Äquivalenz von Information und Energie ausgehen. Denn das eine lässt sich in das andere umwandeln. Information lässt sich in Energie umwandeln, umgekehrt wird Energie benötigt, den Speicher zu leeren, um ihn für die Gewinnung von Information vorzubereiten. Das bedeutet im Ergebnis, dass Energie in Information umgewandelt wird. Dadurch, dass laut Bennet die aus der Information gewonnene Energie in gleichem Umfang wieder verwendet wird, um den Speicher zu leeren, ist Information äquivalent zu Energie.

Aus dem gesamten Vorgang kann eine weitere Schlussfolgerung gezogen werden. Das gespeicherte Informationsbit in Abb. 2.2 hat eine spezielle Bedeutung, nämlich die Bedeutung des Aufenthaltsorts vom Molekül (Relation zwischen Speicherbit und Aufenthaltsort). Solange es diese Bedeutung hat, kann mithilfe der Information Energie gewonnen werden. Nach dem Vorgang der Energiegewinnung verliert aber das Informationsbit seine Bedeutung. Ohne die Bedeutung kann es nicht mehr zur weiteren Energiegewinnung eingesetzt werden. Information mit Bedeutung haben wir Strukturinformation genannt. Deshalb gilt:

> **Strukturinformation ist äquivalent zu einer Energieform, die zur Verrichtung von Arbeit verwendet werden kann.**

Die mathematische Darstellung dieser Erkenntnis folgt weiter unten. Bevor zum mathematischen Teil übergegangen wird, müssen allerdings noch weitere Aspekte von

Information geklärt werden. Einer dieser Aspekte ist die Quanteninformation.

2.8 Quanteninformation

Die Quantenmechanik gilt als eine physikalische Theorie, die Vorgänge im atomaren und subatomaren Bereich beschreibt. Systeme, die aufgrund ihrer Eigenschaften mithilfe der Quantenmechanik beschrieben werden müssen, bezeichnet man als quantenmechanische Systeme. Unter Quanteninformation versteht man die in solchen Systemen vorhandene Information. Die elementare Einheit der Quanteninformation ist das Quantenbit (Qubit). Während ein klassisches Bit sozusagen eine Ja-Nein-Alternative ist, ist das Qubit beide Alternativen gleichzeitig. Man spricht von einer Superposition (Überlagerung) der Zustände, das Qubit ist superponiert.

In quantenmechanischen Systemen wird die experimentelle Situation zur Zeit der Messung durch eine Wahrscheinlichkeitsfunktion beschrieben. Diese gibt an, mit welcher Wahrscheinlichkeit ein bestimmtes Ergebnis bei einer Messung erwartet werden kann.

„Diese Wahrscheinlichkeitsfunktion stellt eine Mischung aus zwei verschiedenen Elementen dar, nämlich teilweise eine Tatsache, teilweise den Grad unserer Kenntnis einer Tatsache."[8]

Die Unbestimmtheit des Qubit vor der Messung ist eine Folge davon. Die Mischung aus teilweisen Tatsachen und unserer beschränkten Kenntnis verbindet zwei unterschiedliche Realitätsebenen. Wenn Relationen Elemente der

---

8   Heisenberg (2008)

physikalischen Realität mit Elementen der geistigen Ebene verbinden, muss nach unserer bisherigen Erkenntnis die Bedeutung auch der geistigen Ebene zugeordnet werden. Das lässt keine faktischen Aussagen vor einer Messung zu.

Eine Messung hebt die Superposition der Quanteninformation auf und bringt das System in einen eindeutigen Zustand der physikalischen Realität. Das Qubit wird dadurch zu einem gewöhnlichen Bit.

Ein Bit und damit auch ein Quantenbit ist allerdings nichts Reales, sondern etwas Abstraktes genauso wie eine Formel usw. In der physikalischen Realität braucht man für die Messung von Bits u. Quantenbits immer einen physikalischen Träger. Bei Bits kann dieser Träger ein Stück Papier sein. Bei Quantenbits wird es im Regelfall ein Photon sein. Es könnte aber genauso gut auch ein beliebiges Elementarteilchen oder ein Atom sein. Damit man Bits überhaupt feststellen oder messen kann, muss man eine Zuordnung zu einer Eigenschaft treffen. Beim Bit könnte man sagen: „Dieser andersfarbige Punkt auf dem Papier soll ein Bit sein." Zwei Punkte sind dann zwei Bits. Das Bit kann dann zwei Werte annehmen. Entweder ist der Punkt da oder er ist nicht da, das wären dann die Werte 1 oder 0. Die Messung des Bits erfolgt dadurch, dass ich durch Augenschein die Anwesenheit des Punktes oder Nichtanwesenheit feststelle.

Insgesamt ist auf diese Weise aus dem Abstraktum Bit eine konkret feststellbare Information geworden, nämlich durch die Wechselwirkung des Punktes mit dem Beobachterauge. Wie ich bereits früher schon erwähnt habe, stellen Prozesse (hier die Wechselwirkung), die einzig mögliche Verbindung von etwas Abstraktem mit der realen Welt dar.

Kommen wir nun zum Abstraktum Quantenbit. Wenn man analog, wie oben beschrieben, sagt „ein miteinander quantenverschränktes[9] Photonenpaar soll ein Quantenbit sein" braucht man nur noch eine Möglichkeit dieses Quantenbit zu messen. Der Messprozess wäre wieder die Wechselwirkung bzw. der Prozess, der das abstrakte Quantenbit Realität werden lässt. So ein physikalischer Messprozess ist unter der Bezeichnung „Bell-Zustandsmessung" bekannt. Die Bell-Zustandsmessung liefert eine von vier Möglichkeit. Und vier Möglichkeiten sind äquivalent zu zwei Bits: 00, 01, 10, 11.

Unglücklicherweise ist die Bell-Zustandsmessung technisch aber so unvollkommen, dass man in der Praxis nicht eine von vier Möglichkeiten als Ergebnis bekommt, sondern man bekommt nur eine von drei Möglichkeiten. So gesehen ist dieses Quantenbit, das ich geistig einem

---

9 **Quantenverschränkung** (von Albert Einstein als „spukhafte Fernwirkung" bezeichnet): Physikalisches Phänomen, bei dem Teilchen eine nichtlokale Verbindung miteinander eingehen. Es ist der gemeinsame Zustand eines Systems von zwei oder mehr Teilchen, der sich nicht als Kombination unabhängiger Einteilchenzustände beschreiben lässt. Messergebnisse bestimmter Observablen von verschränkten Teilchen (z. B. der Spin) sind korreliert, das heißt, nicht statistisch unabhängig, auch wenn die Teilchen weit voneinander getrennt sind. Misst man eine Quanteneigenschaft bei Teilchen A (z. B. den Spin), so ist die dazu korrelierte Eigenschaft (z. B. negativer Spin) ohne Verzögerung (instantan) auch bei Teilchen B anzutreffen. Experimente der letzten Jahrzehnte bestätigen die Existenz des Phänomens. *(Aus Sedlacek: Kleines Wörterbuch der Natur-Philosophie; Norderstedt, 2016, ISBN 978-3-7392-2257-8)*

Photonenpaar zugeordnet habe, nicht äquivalent zu zwei Bits.

Hätte man beispielsweise gesagt, dass man das Quantenbit geistig einem Atom und den Eigenschaften eines Atoms zuordnen will, dann bräuchte man ein Messverfahren um die möglichen Zustände des Atoms zu messen. Atome haben außer ihrer Welleneigenschaft auch noch andere Eigenschaften, etwa den Spin usw. Man könnte mit Atomen also mehr als vier Möglichkeiten realisieren. Ein Quantenbit, das die Eigenschaft von Atomen nutzt, wäre also zu mehr als zwei Bits äquivalent, sofern man technisch in der Lage wäre, diese Möglichkeiten zu messen.

Oder nehmen wir als Messvorrichtung den Doppelspalt[10] und als Quantenbit die Welleneigenschaft eines Photons. Dann messen wir auf dem Beobachtungsschirm, wie groß der Abstand des Lichtpunkts von einer gedachten Mittellinie ist. Als Ergebnis bekommen wir einen von unendlich vielen Werten. So gesehen ist das Quantenbit äquivalent zu unendlich vielen Bits. Allerdings wird auch hier die Praxis der Messgenauigkeit die Zahl der Möglichkeiten auf eine endliche reduzieren.

Wie man also sieht, ist das Quantenbit von gewissen

---

10 **Doppelspaltexperiment:** Bei diesem Experiment lässt man Licht oder Teilchen durch zwei schmale Spalte einer Schlitzblende treten. Auf einem Beobachtungsschirm dahinter zeigt sich ein Wellenmuster (Interferenzmuster). Wenn es darum geht, den Weg des Lichts oder der Teilchen zu bestimmen, verschwindet unerklärlicherweise das Interferenzmuster. Das Experiment gilt als das wichtigste Experiment der Quantenmechanik. *(Aus Sedlacek: Kleines Worterbuch der Natur-Philosophie; Norderstedt (2016))*

Beliebigkeiten abhängig, die im Kopf der Physiker entstehen, und diese Beliebigkeit kommt nur dadurch zustande, dass das Quantenbit ein Abstraktum, also nichts Reales ist.

2.9 Substanzinformation

Wir haben gesehen, dass statistische Information der Shannonschen Entropie entspricht und ein Abstraktum ist. Die Boltzman-Entropie ist dagegen real. Sie verbindet Information mit Wärmeenergie. So kamen wir auf die Äquivalenz von Information und Energie. Des weiteren gewannen wir Erkenntnisse über das Wesen der Bedeutung, die zusammen mit statischer Information die Strukturinformation bildet und ebenfalls äquivalent zu Energie ist.

Es wäre nun sinnvoll, noch eine weitere Informationsart zu definieren, die äquivalent einer Substanz der physikalischen Realität ist. Diese soll Substanzinformation heißen. Als Substanz könnte man sich beispielsweise Elementarteilchen denken, deren Masse möglicherweise äquivalent zu der neu definierten Informationsart ist.

Tatsächlich hat Thomas Görnitz[11] bereits einen Zusammenhang zwischen Substanzinformation und Elementarteilchen gefunden. Er nennt die Informationsart allerdings Protyposis. In der folgenden Darstellung möchte ich lieber den Begriff Substanzinformation verwenden, weil der etwas über das Wesen dieser Informationsart aussagt.

---

11 Görnitz (2008), S.111 ff. und S. 351 ff.

Görnitz greift theoretische Überlegungen von C. F. v. Weizsäcker auf, der schon in den 80er Jahren gezeigt hat, dass alle denkbaren Elementarteilchen aus quantisierten binären Alternativen aufgebaut werden können.[12] „Binäre Alternativen" entsprechen eigentlich dem hier verwendeten Begriff „statistische Information". Doch wie weiter oben ausgeführt wurde, kann statistische Information nicht äquivalent zu Elementarteilchen sein, da sie eine Eigenschaft und keine Substanz ist. Die eigenständige Existenz von Information als eine Substanz fehlte bisher. Das ist der Grund für den neuen Begriff Substanzinformation.

Wenn man voraussetzt, dass eine „Binäre Alternative" das Abbild einer physikalischen Realität ist, und wenn man gleichzeitig annimmt, dass Substanzinformation und „Binäre Alternativen" das gleiche sind, dann fügen sich Görnitz' Ausführungen in die Erkenntnisse dieser Schrift ein.

Mit Ansätzen von Bekenstein[13] und Hawking[14] verkoppelte Görnitz die Entropie schwarzer Löcher mit der absoluten Größe der Substanzinformation von Elementarteilchen. Um die fundamentale Beziehung (3.10) auf Seite 60 zu finden, dachte er sich ein Gedankenexperiment aus, bei dem die Masse des ganzen Universums in einem schwarzen Loch versammelt ist bis auf ein einziges Proton, das sich noch außerhalb befindet.

Die Entropie des schwarzen Lochs ist diejenige Information, die nicht für eine Beschreibung des Inhalts

---

12 Görnitz, Th. Graudenz, D., Weizsäcker, C.F.v. (1992) 1929-1959
13 Bekenstein (1973) und (1981)
14 Hawking (1975)

zur Verfügung steht (vgl. S. 18 ff.). Die Größe der Entropie lässt sich aber aufgrund anderer Modelle berechnen. Görnitz überlegte, wie groß der Entropiezuwachs ist, wenn das allerletzte Proton auch noch ins schwarze Loch hineinfällt. Dieser Entropiezuwachs ist das Maß an Substanzinformation, die im Außenraum verloren geht. Das Ergebnis: Die Substanzinformation ist abhängig von der Masse des Protons und des schwarzen Lochs.

Wenn man sich statt eines Protons ein beliebiges Teilchen der Masse m vorgegeben denkt, folgt aus dem Gedankenexperiment ein linearer Zusammenhang zwischen Substanzinformation und Masse (m = I · konst.; m = Masse des Objekts, I = Zahl der Bits). Masse m eines Teilchens und Substanzinformation I sind äquivalent. Die Zahl I der Bits ist der Betrag an Substanzinformation, der ein Teilchen gestaltet. Die gewonnene Beziehung (3.10) auf Seite 60 stellt ein physikalisches Modell für die Umrechnung der einen Größe in die andere dar. Aufgrund Einsteins berühmter Formel $E = m \cdot c^2$ ist die Information auch äquivalent zu Energie.

2.10 Weitere Aspekte energiehaltiger Information

Wie Experimente der Teilchenphysik zeigen, kann die Masse von Teilchen in Teilchenbeschleunigern nach der Kollision mit anderen Teilchen teilweise in Energie umgewandelt werden. Diese Energie strahlt in Form von Photonen weg.

Andererseits hat man auch schon Licht, also reine

Energie, in Materie-Teilchen umgewandelt. Aus Photonen sind Elektronen entstanden.[15]

Um zu verstehen, warum auch bei solchen Prozessen energiehaltige Information im Spiel ist, müssen wir nochmal auf einige Aspekte der Boltzman-Entropie entweder zurückkommen oder ergänzen:

Entropie ist der nicht mehr nutzbare Teil der Energie eines geschlossenen Systems. Durch Zerstreuung oder Ausgleichung wächst die Entropie, während die Energie im Ganzen konstant bleibt.

Entropie strebt somit einem Höchstbetrag (Maximum) zu, der erreicht ist, wenn keine nutzbare Energie mehr vorhanden ist. Bezogen auf unser Weltall, führt das zum Wärmetod, dem absoluten Temperaturnullpunkt. Nichts regt sich dann mehr. Dieser Zustand tritt allerdings erst nach mehreren Hundert Milliarden Jahren ein.

Von zwei ansonsten gleichen Körpern enthält derjenige mehr Entropie, dessen Temperatur höher ist. Stehen zwei Körper unterschiedlicher Temperatur miteinander in Kontakt, so fließt Entropie vom wärmeren zum kälteren Körper; dadurch gleichen sich auch die Temperaturen der beiden Körper an. In einem abgeschlossenen System, bei dem es keinen Wärme- oder Materieaustausch mit der Umgebung gibt, kann die Entropie nicht abnehmen. Es kann im System jedoch Entropie entstehen.

Entropie entsteht z. B. dadurch, dass mechanische

---

15   vgl. Wrobel u. Sedlacek: *Leben aus Quantenstaub*; Norderstedt (2014), S. 77 f.

Energie durch Reibung in thermische Energie umgewandelt wird. Da die Umkehrung dieses Prozesses nicht möglich ist, spricht man auch von einer „Energieentwertung".

Erfreulicherweise gibt es den bereits beschriebenen Zusammenhang zwischen Entropie und Information. Es gilt:

1. Gesamtinformation eines Systems = Zufallsinformation+geordnete Information.
   Wenn man die Entropie als die Menge der Zufallsinformation eines Systems betrachtet und die geordnete Information als die Information des nutzbaren Anteils der Energie des Systems, dann ist die Gesamtinformation des Systems immer größer oder gleich der Entropie.

2. Die Größe der geordneten Information eines Systems ist aber grundsätzlich sehr viel kleiner als die Größe der Zufallsinformation. Bei näherungsweiser Betrachtung kann deshalb die geordnete Information vernachlässigt werden und es gilt dann:
   Gesamtinformation
   = Zufallsinformation
   = **Entropie**
   = nicht mehr nutzbare **Energie**.

Diese letzte Aussage bedeutet, dass die Gesamtinformation eines Systems äquivalent ist zu dem nicht mehr nutzbaren Teil der Energie.

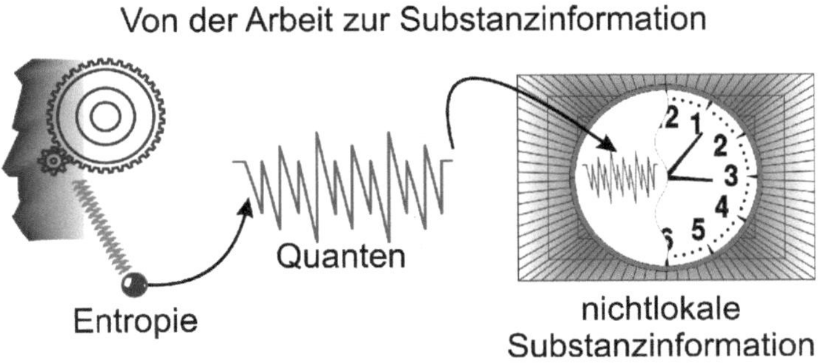

Von der Arbeit zur Substanzinformation

Abb. 3 Schematischer Verlauf, wie Entropie zur Substanzinformation im nichtlokalen physikalischen Bereich wird. Grafik: Sedlacek

Und egal ob die Energie bezogen auf das System, aus dem sie stammt, nicht mehr nutzbar ist, es ist und bleibt Energie und die Information über das System ist äquivalent dazu.

Und eine weitere Schlussfolgerung aus dem Vorangegangenen ergibt:

Jedes reale System erzeugt bei seiner Arbeit Entropie, weil es immer Energieanteile gibt, die nicht mehr nutzbar sind. Die Entropie, die eine Form der Energie ist, nämlich die innerhalb des Systems nicht mehr nutzbare, lässt damit auch eine Informationsart entstehen, die gleichwertig mit dieser Energie ist.

Gleichgültig ob Maschine oder menschliches Wesen, jede und jeder erzeugt durch Arbeit Entropie, die als Energieform zur Substanzinformation wird. Menschen erzeugen durch ihr Leben Entropie. Unser Bewusstsein erzeugt durch seine informationsverarbeitenden Prozesse Entropie. Und all diese Entropie ist eine Form der Energie, die äquivalent zur Information ist.

Da durch Denken Entropie entsteht, ist es kein Wunder, wenn unser Kopf beim intensiven Denken heiß läuft. So erzeugt unser Kopf aber auch besonders viel Substanzinformation.

2.11 Information jenseits von Raum und Zeit

Fassen wir zunächst noch einmal unser bisheriges Wissen zusammen.

> Der Begriff abstrakte Information wird immer für eine Eigenschaft verwendet. So wie *rot* oder *eckig* eine Eigenschaft von einer Substanz ist. Weder rot noch eckig können für sich selbst existieren, sondern benötigen zu ihrer Existenz eine Substanz. Ein Ziegel kann rot und eckig sein, aber ohne die Substanz Ziegel existiert rot und eckig nicht selbstständig. Rot und eckig sind dann Informationen über die Substanz *Ziegel*. Rot und eckig sind abstrakte Informationen und gehören zur Geisteswissenschaft. Abstrakte Information lässt sich nicht ohne Weiteres in Energie umwandeln und ist deshalb wie schon wiederholt erwähnt, nicht äquivalent zu Energie.
>
> Nun gibt es aber eine Verbindung zwischen der abstrakten Welt und der physikalischen Welt. Wir können für die physikalische Welt auch gern die klassische Welt, die reale Welt oder die Welt der Naturwissenschaft sagen. Die Verbindung der beiden Welten Geistes- und Naturwissenschaft ist der physikalische Prozess. Physikalische Prozesse sind Wechselwirkungen oder Kräfte.

Beim Gedankenexperiment Maxwells Dämon[16] wird ganz deutlich, wie die Information über den Aufenthaltsort der Gasmoleküle in Arbeit umgewandelt werden kann. Die Information über den Aufenthaltsort ist eigentlich nur abstrakte Information. Aber die Verbindung der abstrakten Information mit dem Prozess zur Gewinnung von Arbeit lässt die abstrakte Information etwas ganz anderes werden. Der Prozess selbst ohne die abstrakte Information über den Aufenthaltsort des Gasmoleküls kann keine Arbeit verrichten. Erst die Verbindung mit der abstrakten Information ist geeignet, Arbeit zu verrichten.

Der physikalische Prozess, der zu Maxwells Dämon gehört, gibt der abstrakten Information über den Aufenthaltsort des Moleküls eine physikalische Bedeutung. Nur abstrakte Information mit physikalischer Bedeutung kann Arbeit verrichten und ist äquivalent zu Energie.

Nachdem die Maschine (Maxwells Dämon) ihre Arbeit verrichtet hat, verliert die abstrakte Information ihre physikalische Bedeutung, weil sie nicht mehr auf den Aufenthaltsort eines Moleküls verweist. Sie ist wieder zur abstrakten Information ohne Bedeutung geworden und kann keine Arbeit mehr verrichten. Aber abstrakte Information mit Bedeutung ist äquivalent zur Substanz- oder Strukturinformation.

Damit unsere Welt bestehen kann, so wie wir sie kennen, braucht es noch eine weitere Zutat.

Diese Zutat ist die Fluktuation. Fluktuation ist der reine Zufall, der durch nichts und niemand bestimmt

---

16 Siehe Fußnote auf S. 30

werden kann. Es ist der Quantenzufall. Der Fall eines Würfels kann theoretisch vorherberechnet werden, wenn man die physikalischen Gesetze kennt und die Anfangsbedingungen. Beim Quantenzufall ist das nicht möglich.

Durch Fluktuation entstehen in Teilchenbeschleunigern Teilchen, die beobachtet, gezählt und gemessen werden können.

Fluktuation angewendet auf S-Bits lässt größere Einheiten (=Packe) entstehen. Im Büchlein *„Supervereinigung"* habe ich nachgewiesen, dass Packe zu Photonen werden können und sowohl Raum als auch Zeit erzeugen. Das stellt aber nicht die bisherige physikalische Weltsicht auf den Kopf, sondern ist nur eine Erweiterung. Alle bisherigen physikalischen Erkenntnisse bleiben natürlich bestehen.

Der Physiker hat für diesen Übertritt den Fachbegriff Dekohärenz geprägt. Wenn ein bisher abgeschlossenes Quantensystem mit seiner Umgebung in Wechselwirkung tritt, dann kommt das vor, was Dekohärenz genannt wird.

Vereinfacht gesagt geht das Quantensystem durch die Wechselwirkung in einen realen (faktischen) Zustand über und verhält sich anschließend wie ein klassisches System. Voraussetzung für den Übertritt ist also eine Wechselwirkung. Und damit sind wir wieder bei den Prozessen, welche die abstrakte Welt mit der realen physikalischen Welt verbinden, denn Wechselwirkungen sind nichts anderes als Prozesse. Übrigens:

Fluktuation ist ein Prozess auf elementarster Ebene.

Einen einfacheren Prozess als Fluktuation gibt es nicht.

Bewusstsein ist bisher noch nicht im Rahmen einer

physikalischen Theorie definiert worden. Deshalb habe ich mir die Mühe gemacht, nach einer sinnvollen Definition zu suchen, mit der sich im Rahmen einer physikalischen Theorie arbeiten lässt. Herausgekommen ist die Definition, die ich auf S. 148 meines Buchs *„Der Widerhall"* beschrieben habe. Es gilt demnach:

Bewusstsein ist ein informationsverarbeitender Prozess, der nicht determinierte Entscheidungen trifft, die zu zielgerichtetem Verhalten zur Befriedigung von Bedürfnissen führen.

Obwohl Bedürfnis kein physikalischer Begriff ist, habe ich ihn zur Verdeutlichung in der Definition verwendet. Wenn man Bedürfnis definiert als „die Neigung ein Ziel zu verfolgen", dann ist Bedürfnis die abstrakte Information zur Steuerung eines Prozesses in diesem Fall des Bewusstseinsprozesses.

Da Bewusstsein ein Prozess ist, der die abstrakte Welt mit der realen verbindet, kann er abstrakter Information eine (physikalische!) Bedeutung geben. Und wie bereits erwähnt, ist die abstrakte Information zusammen mit ihrer physikalischen Bedeutung sogar äquivalent zu Energie.

Wenn man dagegen Bedeutung als etwas Abstraktes ansieht, dann ist es wohl so, dass abstrakte Bedeutung ausschließlich in einem Bewusstsein entsteht. *Physikalische* Bedeutung andererseits kann im Bewusstsein entstehen, aber auch durch einen beliebigen anderen Prozess, der prinzipiell fähig ist, die zugrunde liegende abstrakte Information in Arbeit (= Energie) umzuwandeln.

Was macht nun das menschliche zentrale Nervensystem (ZNS) mit abstrakter Information? Das ZNS ist wohl ähnlich wie das Bewusstsein nicht nur eine biologische Substanz, sondern etwas, was Informationen verarbeitet. D. h., das ZNS ist ein System mit einem informationsverarbeitenden Prozess, ähnlich wie das Bewusstsein. Es sorgt für Wechselwirkungen, es kann Arbeit verrichten, die durch abstrakte Information gesteuert wird. Sicher kann es auch die Information von Photonen verarbeiten. Bevor die Photonen in das ZNS eintreten und eine Wechselwirkung eingehen, befinden sie sich wohl in einem transzendenten Zustand. Erst durch die Wechselwirkung im ZNS werden sie real.

Verschränkte Photonen[17] sind ein Beleg dafür, dass unsere Welt nicht nur eine 4-dimensionale Welt ist, sondern dass es einen physikalischen Bereich jenseits von Raum und Zeit gibt, in dem Prozesse stattfinden.

Der Prozess der Informationsübertragung (besser: Kommunikation) zwischen verschränkten Photonen ist, wie der Physiker sagt: nichtlokal. Das bedeutet, er kann nicht innerhalb von Raum und Zeit stattfinden.

Jenseits von Raum und Zeit, im Nichtlokalen, werden alle Prozesse instantan ausgeführt. Entweder es tritt eine Wechselwirkung mit einem System ein, das sich in der 4-dim Raumzeit befindet, dann gelten die Gesetze der klassischen Physik. Oder es tritt keine Wechselwirkung mit einem System in der 4-dim Raumzeit ein, dann sind aber in unserem Beispiel die Photonen in einem energetischen Zu-

---

17 siehe Fußnote auf S. 36

stand (Quantenzustand) jenseits von Raum und Zeit. Erst die Wechselwirkung z. B. im ZNS lässt sie real werden.

Es gibt noch einen weiteren Aspekt zu beachten: Da in dem Bereich jenseits von Raum und Zeit Energie nicht in Form von Materie vorkommen kann, Materie kann es nur innerhalb der 4-dim Raumzeit geben, kann Energie in diesem jenseitigen Bereich nur als eine Art Information existieren. Und diese Art von Information ist das, was ich als Strukturinformation bezeichnet habe. Strukturinformation ist etwas Physikalisches und etwas ganz anderes als abstrakte Information. Abstrakte Information braucht einen Informationsträger. Energie ist aus S-Bits aufgebaut, kann aus sich selbst heraus existieren und braucht keinen Träger.

> *Strukturinformation ist direkt äquivalent zu Energie und braucht keinen zusätzlichen Prozess, der ihr Bedeutung gibt.*

Übrigens ist der bekannte Physiker Stephen Hawking im Rahmen kosmologischer Überlegungen auf eine etwa gleiche Kernaussage über das Wesen von Information gekommen, wie ich sie durch ganz anders geartete Überlegungen gefunden habe:

> *Demnach gibt es ein raum-und-zeit-loses Quanteninformationsfeld, aus dem verschränkte, faktisch-reale Photonen 'austreten', die äquivalent zu Energie und Materie sind und aus denen die klassische, 4-dimensionale Welt gebildet wird.*

Ergänzend dazu denke ich, dass das Austreten durch

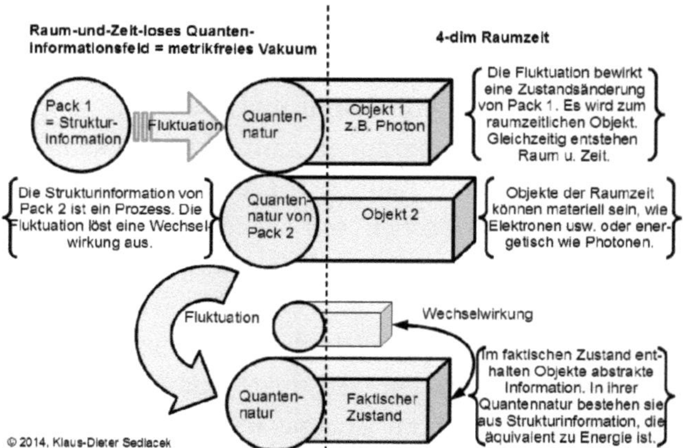

Abb. 4 Zusammenhang zwischen dem raum-und-zeit-losen Quanteninformationsfeld und der 4-dimensionalen Raumzeit. Grafik: Sedlacek

zufällige Fluktuation bewirkt wird.

Photonen haben aber nicht alle die gleiche Energie. Es gibt Photonen mit geringer Energie und solche mit hoher Energie. Das bedeutet: Im Quanteninformationsfeld gibt es mehr oder weniger große Zusammenfassungen von Informationsmengen, die ich in meinen Schriften Packe genannt habe und die jeweils äquivalent zu Energie und Materie sind.

Und es muss eine kleinste Einheit von dem existieren, was zusammengefasst werden kann. Diese kleinste Einheit habe ich S-Bit genannt.

Ein System aus Zusammenfassungen von S-Bits und Fluktuationen kann alle möglichen Relationen (= Beziehungen) entstehen lassen bzw. eingehen. So ein System kann auch den Charakter eines Prozesses annehmen. Die

Auswirkungen der Prozesse können dann teilweise in der klassischen 4-dimensionalen Welt beobachtet werden, wodurch wir Rückschlüsse ziehen können, was in dem raum-und-zeit-losen Quanteninformationsfeld geschieht.

Das raum-und-zeit-lose Quanteninformationsfeld ist ein Informationsspeicher (= Aufenthaltsort von Information).

Und da das Quanteninformationsfeld raum-und-zeit-los ist, geht auch keine Information mit der Zeit verloren.

Die Information bleibt für immer erhalten.

Das hat Auswirkungen auf das menschliche Bewusstsein. Wenn alle Prozesse und alle Informationen der Welt letztendlich auf dem raum-und-zeit-losen Quanteninformationsfeld fußen und das Bewusstsein ein informationsverarbeitender Prozess ist, ...

... dann bleiben sowohl die dazugehörigen Prozesse, wie auch die Information, die in den Bewusstseinsprozess eingeht, selbst nach dem zeitlichen Ende des menschlichen Körpers erhalten.

Die Quantenphysik geht tatsächlich davon aus, dass die letzte Wirklichkeit der Welt Quantenfelder sind, auf denen alles basiert. Nur haben die meisten renommierten Physiker bisher noch nicht offen bekannt, dass die Quantenfelder dann raum-und-zeit-los und real physikalisch sein müssen, nicht aber abstrakt sein dürfen.

2.12   Wo bleibt die erzeugte Information?

Eine letzte Frage, die wir hier im naturphilosophischen Teil klären müssen, ist die Frage, wo die Substanzinformation bzw. Strukturinformation zu finden ist, die von unserem Leben und unserem Bewusstsein erzeugt wird.

Während Arbeit verrichtet oder gedacht wird, entsteht Wärme, und zwar jene meist nicht mehr nutzbare Wärme, die wir als Entropie bezeichnet haben.

Wärme ist eine Form der elektromagnetischen Strahlung. Licht ist bekanntlich auch eine Form der elektromagnetischen Strahlung. Und wie wir wissen, hat Licht auch Teilchencharakter, der in Form von Photonen festgestellt werden kann. Das Gleiche gilt für Wärme. Als elektromagnetische Strahlung hat Wärme ebenfalls Teilchencharakter.

Elementare Teilchen, die sich einerseits als kleine wellenartige Energiepakete zeigen, andererseits als Teilchen, sind Quanten.

Eine wichtige Eigenschaft von Quanten kennen wir durch die Experimente zur Quantenverschränkung[18]. Quanten nehmen erst bei ihrer Messung einen realen Zustand an. Vorher haben sie keinen definierten Zustand, oder wie der Physiker sagt, sie befinden sich im Zustand der Überlagerung, also in allen möglichen Zuständen gleichzeitig.

Dinge, die keinen definierten, realen Zustand haben, sind keine Dinge unserer Raumzeit. Sie sind nicht im

---

18 siehe Fußnote S. 36

Diesseits, denn Dinge unseres Diesseits haben Ausdehnung, können keine größere Geschwindigkeit als die Lichtgeschwindigkeit besitzen und können an keinen nichtlokalen Fernwirkungen beteiligt sein. Doch Quanten ohne definierten realen Zustand können alle Geschwindigkeiten gleichzeitig haben, können an nichtlokalen Fernwirkungen beteiligt sein und haben, solange sie nicht gemessen werden, keine räumliche Ausdehnung. Quanten sind offensichtlich keine Dinge, die vollständig der diesseitigen Welt angehören, sondern zumindest teilweise dem Nichtlokalen. Wobei ich mich an dieser Stelle nicht weiter darüber auslassen möchte, um was es sich bei dem Nichtlokalen handelt.[19]

Das Einzige, was Quanten wenigstens zu einem kleinen Teil zu Dingen des Diesseits macht, ist die vorab berechenbare Wahrscheinlichkeit, sie durch Messinstrumente, die wie eine Art Quantenfalle wirken, zu erfassen.

Doch Quanten sind launisch, denn Wahrscheinlichkeit bedeutet nicht Sicherheit. Weil es keine Sicherheit gibt, Quanten dort zu erwischen, wo sich gerade ein Messinstrument oder sonst eine Quantenfalle befindet, kann man ihnen aufgrund ihres Verhaltens und ihres nicht definierten Zustands nicht den gleichen Realitätscharakter zugestehen wie messbarer Materie, mit Masse und Energie.

Erst wenn Quanten eine Wechselwirkung mit realen Objekten eingehen und sie dadurch in einen Zustand der

---

19 Um welchen physikalischen Bereich es sich bei dem Nichtlokalen handelt, habe ich in meinem Buch mit dem Titel „Leben nach dem Leben" (ISBN 978-3-7392-4013-8) näher beschrieben.

Masse oder messbaren Energie übergehen, haben sie räumliche Ausdehnung und es kann ihre endliche Geschwindigkeit bis hin zur Lichtgeschwindigkeit gemessen werden. Dann sind sie erst in der realen vierdimensionalen Welt angekommen.

Aber dort, im Nichtlokalen, hatten Quanten keine Masse und keine Energie, sondern bestanden allein aus Substanzinformation, der Art Information, die zu Energie und damit auch zur Masse äquivalent ist.

2.13 Tabelle der Informationsarten

Nachfolgend habe ich die oben besprochenen Informationsarten in einer Tabelle zusammengefasst. Aus der Tabelle kann entnommen werden, was physikalisch ist und was abstrakt.

Art der Information	Bezeichnung	Beispiel	Träger	Äquivalent zu Energie
Abstrakt, bedeutungslos	**Statistische Information**	Ziffernfolge: 1001101; Farbe, Gewicht oder andere Eigenschaften von physikalischen Körpern	Papier; physikalischer Körper	Nein
Abstrakt mit abstrakter Bedeutung	Wissen	Eigenschaften und Begriffe, die im Gehirn gespeichert sind.	Gehirn	Nein
Abstrakt mit physikalischer Bedeutung	**Strukturinformation**	Maxwellscher Dämon; Steuerung physikalischer Prozesse; Ziffernfolgen, die Prozessoren steuern; Steuerung physikalischer Gehirnprozesse oder physikalischer Prozesse in biologischen Körpern	Physikalischer *Prozess*	Ja
Real mit physikalischer Bedeutung	**Substanzinformation**	Kosmologisches Hintergrundfeld (= raum-und-zeit-loses Quanteninformationsfeld), in dem Elementartteilchen aus binären Alternativen (S-Bits) gebildet werden.	Trägerlos, d. h. ist selbst der Träger	Ja

*

Nachdem nun die für die Physik relevanten Informationsarten – statistische Information, Strukturinformation und Substanzinformation – vorgestellt wurden, sollen im nächsten Kapitel Formeln entwickelt werden für die Umrechnung von Information in Energie und umgekehrt.

3. Mathematisch-physikalische Herleitung.

3.1 Das Energieäquivalent eines Bits.

Das **Energieäquivalent** pro Informationsbit lässt sich aus den Arbeitstakten der Szilard-Maschine und deren vereinfachte Version herleiten (vgl. dazu Seite 28 ff.). Aber zunächst sollen hier wichtige Formeln der Thermodynamik (Wärmelehre) aufgeführt werden, die zur Herleitung benötigt werden.

Als **thermische Energie** bezeichnet man die Energie, die in der ungeordneten Bewegung der Atome oder Moleküle eines Stoffes gespeichert ist. Sie wird in Joule (Einheitenzeichen: J) gemessen.

Die thermische Energie Q eines Stoffes ist definiert als

$$Q = m \cdot c_q \cdot T \quad (3.1)$$

Dabei ist

T   die absolute Temperatur des Körpers,

m   die Masse des Körpers,

c_q die spezifische Wärmekapazität.

Eine Wärmezufuhr steigert die mittlere kinetische Energie der Moleküle und damit die thermische Energie, eine Wärmeabfuhr verringert sie.

Jedem Zustand eines thermodynamischen Systems kann auch ein Entropiewert S zugeordnet werden. Die Entropie ist definiert als Quotient aus Wärmeenergie und absoluter

Temperatur:

$$S := \frac{Q}{T} \quad (3.2)$$

Einheit der Entropie: $[S] = J/K$

Man kann die Entropie als ein Maß für unbekannte Information über die Bewegung der Atome und Moleküle eines Stoffes ansehen. In der Thermodynamik wird hauptsächlich mit Entropieänderungen und Entropiedifferenzen gerechnet, um wichtige Aussagen über Wärmeprozesse zu erhalten. Wenn man jedoch als Ziel die Berechnung eines absoluten Energieäquivalents hat, ist die obige Definition (3.2) besser geeignet.

In der Informationstheorie gibt es ebenfalls den Entropie-Begriff. Beide Begriffe haben Gemeinsamkeiten und die Ähnlichkeiten sind mehr als formal. Die thermodynamische Entropie unterscheidet sich von der Informationsentropie durch einen zusätzlichen Normierungsfaktor k_B , die sog. Boltzmannsche Konstante. Es gilt die **Boltzmannbeziehung**:

$$S = k_B \ln(W) \quad (3.3).$$

Dabei ist

S Entropie,

W Zahl der möglichen Mikrozustände
   (=thermodynamische Wahrscheinlichkeit),

k_B BOLTZMANN-Konstante $= 1{,}381 \cdot 10^{-23}$ J/K.

Ein Bit an Information kann zwei Zustände annehmen, beispielsweise 0 und 1. Die Boltzmannbeziehung für **ein Bit** bekommt danach die Form:

$$S = k_B \ln(2) \quad (3.4).$$

Bei der Szilard-Maschine bewirkt der Dämon bzw. eine

entsprechende Apparatur, die keine Energie kostet, die **Erhöhung der Entropie des Speichers** (vgl. Abb. 2.2, Seite 29). **Wegen des fehlenden Energieeinsatzes ist das aber nicht mit einem Wärmefluss verbunden.** Das bedeutet: Die Temperatur bleibt bei dem Vorgang konstant. Die Zunahme der Entropie muss deshalb mit einer Zunahme der Masse des Speichers einhergehen, wie die aus (3.2) und (3.1) abgeleitete Beziehung zeigt:

$$S = \frac{Q}{T} = \frac{m \cdot c_q \cdot T}{T} = m \cdot c_q \quad (3.5).$$

Für die Entropiezunahme ΔS gilt somit:

$$\Delta S = \Delta m \cdot c_q \quad (3.6).$$

Andererseits gilt für die Massenzunahme laut der Einsteinschen Beziehung $E = m \cdot c_0^2$ zwischen Energie und Masse:

$$\Delta m = \frac{\Delta E}{c_0^2} \quad (3.7).$$

Dabei ist

E Energie (eines Körpers, einer Strahlung, eines Feldes usw.),

m Masse, die der Energie E äquivalent ist,

c_0 Lichtgeschwindigkeit im Vakuum $= 2{,}998 \cdot 10^8$ m/s.

(3.7) in (3.6) eingesetzt ergibt:

$$\Delta S = \frac{\Delta E \cdot c_q}{c_0^2} \quad (3.8).$$

Unter Verwendung von (3.4) und nach E aufgelöst, erhält man das **Energieäquivalent e_A pro Informationsbit** zur Verrichtung von Arbeit:

$$e_A := E_{Bit} = \frac{k_B \cdot c_0^2 \cdot \ln(2)}{c_q} \quad (3.9).$$

Das Ergebnis ist von der spezifischen Wärmekapazität c_q der Materie und damit indirekt von der Temperatur abhängig.

Thomas Görnitz postuliert andererseits eine Beziehung zwischen Information und Materie[20], die an Einsteins Energie-Masse-Beziehung erinnert. Durch die Anbindung an die Kosmologie eines schwarzen Lochs gelingt es Görnitz, einen Absolutwert für die Größe der Information zu finden. Seine Beziehung bezieht sich auf die Gestaltung von Teilchen. Sie lautet:

$$m = \frac{I \cdot \hbar}{6 \cdot \Pi \cdot c_0 \cdot R \cdot k_B} \quad (3.10).$$

Dabei ist

I   Information, die **ein Teilchen gestalte**t (Entropie),

$\hbar$ Plancksches Wirkungsquantum $= 1{,}0546 \cdot 10^{-34}$ J·s

R   kosmischer Skalenfaktor (vom Weltalter abhängig).

Für den kosmischen Skalenfaktor R findet sich in der astronomischen Literatur eine Näherung[21]:

$$R \approx \frac{c_0}{H_0} \quad (3.11).$$

Dabei ist

H_0 Hubble-Konstante $= 73$ km·s^{-1}·Mpc^{-1},

1 Mpc   Mega-Parsec (astronomische Längeneinheit)

---

20 Görnitz (2007), S. 352
21 Vgl. Blome, Zaun (2007), S. 57

$$= 30{,}857 \cdot 10^{21} \text{ m}.$$

Wenn man die Formel (3.10) auf beiden Seiten um c_0^2 erweitert sowie für die Information I=S die Boltzmannbeziehung (3.4), und außerdem für den kosmischen Skalenfaktor R die Formel (3.11) einsetzt, dann erhält man das **Energieäquivalent e_m** von einem Bit Information **für die Gestaltung von Teilchen**:

$$e_m := E_{Bit} = \frac{H_0 \cdot \hbar \cdot \ln(2)}{6 \cdot \Pi} \quad (3.12).$$

Die Formel ist **un**abhängig von der spezifischen Wärmekapazität des Stoffes und damit auch unabhängig von der Temperatur im Gegensatz zu (3.9). Offensichtlich ist die energetische Wertigkeit e unterschiedlich, je nachdem wofür das Informationsbit eingesetzt wird, ob für die Gestaltung von Teilchen oder die Verrichtung von Arbeit. Man kann nun die Vermutung äußern, dass es eine bestimmte Temperatur gibt, bei der die beiden Ergebnisse gleich gesetzt werden können. Eine solche **Basistemperatur** bekäme einen absoluten Status, auf den man alle Energieäquivalenzwerte beziehen könnte. Diese Basistemperatur soll im Folgenden herausgefunden werden. Dazu benötigt man eine weitere Beziehung für das Energieäquivalent eines Bits. Die Beziehung muss die absolute Temperatur enthalten.

Aus (3.5) folgt:

$$Q = T \cdot S \quad (3.13).$$

Unter Verwendung der Boltzmannbeziehung (3.4) wird Q zum Energieäquivalent eines Bits:

$$E_{Bit} = T \cdot k_B \cdot \ln(2) \quad (3.14).$$

(3.14) und (3.12) gleichgesetzt, führt auf die **Basis-**

temperatur T_B:

$$T_B = \frac{H_0 \cdot \hbar}{6 \cdot \Pi \cdot k_B} \quad (3.15).$$

Nur an der Basistemperatur T_B ist das Energieäquivalent e_A gleich e_m. Bei dieser Temperatur spielt auch die Art des Stoffes keine Rolle mehr. Man kann alle Werte auf die Basistemperatur beziehen.

Um darüber hinaus eine Umrechnungsformel für andere Temperaturen zu erhalten, ermitteln wir erst die spezifische Wärmekapazität an der Basistemperatur. Es gilt, wie wir oben gesehen haben:

$$e_A = e_m \quad (3.16).$$

Daraus folgt:

$$\frac{k_B \cdot c_0^2 \cdot \ln(2)}{c_q} = \frac{H_0 \cdot \hbar \cdot \ln(2)}{6 \cdot \Pi} \quad (3.17).$$

Die Auflösung der Gleichung nach c_q soll mit c_B bezeichnet werden, um an die **spezifische Wärmekapazität bei der Basistemperatur** zu erinnern:

$$c_B = \frac{k_B \cdot c_0^2 \cdot 6 \cdot \Pi}{H_0 \cdot \hbar} \quad (3.18).$$

Wenn wir das Energieäquivalent eines Informationsbits zur Basistemperatur mit e_B bezeichnen, und das zu einer beliebigen Temperatur mit e_T , dann erhalten bei Verwendung von (3.9) die Beziehung:

$$\frac{e_T}{e_B} = \frac{c_B}{c_q} \quad (3.19).$$

Und nach e_T aufgelöst, ergibt sich:

$$e_T = \frac{c_B}{c_q} \cdot e_B \quad (3.20).$$

Für alle Konstanten existieren numerische Werte. Für die spezifische Wärmekapazität c_q eines Stoffes gibt es sogar Tabellenwerke. So ist es ein Leichtes die Energieäquivalente von Informationsbits zu ermitteln.

Umgekehrt lässt sich jeder Energiewert in Informationsbits umrechnen. Dadurch erreicht man sogar dort eine einfache Quantisierung von Theorien, wo das vorher auf ungeahnte Schwierigkeiten stieß. Die jahrzehntelangen Bemühungen bei der Quantisierung der allgemeinen Relativitätstheorie lassen die bisherigen Schwierigkeiten erahnen. Durch die Äquivalenz von Information und Energie könnte alles leichter werden. Allerdings muss berücksichtigt werden, dass nur Strukturinformation (Information mit Bedeutung) äquivalent zu Energie ist (vgl. dazu Seite 28 ff). Die Bedeutung ergibt sich jeweils aus der Beziehung der Information zu dem betrachteten Teilchen, dem Körper, einer Strahlung oder einem Feld. Abstrakte Information hat keine physikalischen Eigenschaften.

3.2 Numerische Ergebnisse und ein Beispiel.

Die Basistemperatur berechnet sich aus der Formel (3.15).

$$T_B = \frac{73\,km \cdot s^{-1} \cdot Mpc^{-1} \cdot 1{,}0546 \cdot 10^{-34}\,J \cdot s}{6 \cdot \Pi \cdot 1{,}381 \cdot 10^{-23}\,J \cdot K^{-1}}$$

$$T_B = \frac{73 \cdot 10^3 \, m \cdot s^{-1} \cdot 1{,}0546 \cdot 10^{-34} \, J \cdot s}{30{,}857 \cdot 10^{21} \, m \cdot 6 \cdot \Pi \cdot 1{,}381 \cdot 10^{-23} \, J \cdot K^{-1}}$$

Ausgerechnet erhält man für die **Basistemperatur** ziemlich genau:

$$T_B = 10^{-30} \, K \quad (3.21).$$

Der Wert liegt, wie nicht anders zu erwarten war, nahe dem absoluten Temperaturnullpunkt.

Das Energieäquivalent e_B eines Informationsbits errechnet sich aus (3.12):

$$e_B = \frac{73 \cdot 10^3 \, m \cdot s^{-1} \cdot 1{,}0546 \cdot 10^{-34} \, J \cdot s \cdot \ln(2)}{30{,}857 \cdot 10^{21} \, m \cdot 6 \cdot \Pi}$$

Das Ergebnis für das **Energieäquivalent eines Informationsbits** bei Basistemperatur lautet:

$$e_B = 10^{-53} \, J$$

Und schließlich bekommt man aus (3.18) für die **spezifische Wärmekapazität bei Basistemperatur:**

$$c_B = 10^{44} \, kJ \cdot kg^{-1} \cdot K^{-1}$$

Beispiel: Wenn man wissen will, wie viel Bit an Information dazu äquivalent ist, eine aus V2A-Stahl geformte Kugel der Masse m = 1 kg gleichförmig mit v = 10 m/s bei 20^0 C zu bewegen, kann man die nachfolgende Rechnung anstellen.

Aus einem Tabellenwerk erhält man die spezifische Wärmekapazität c_q von V2A-Stahl bei 20^0 C. Der Wert ist:

$$c_{q_{V2AStahl}} = 0{,}5 \, kJ \cdot kg^{-1} \cdot K^{-1}$$

Danach ermittelt man das Energieäquivalent eines Bits aus (3.20).

$$e_T = \frac{10^{44}\, kJ \cdot kg^{-1} \cdot K^{-1}}{0,5\, kJ \cdot kg^{-1} \cdot K^{-1}} \cdot 10^{-53}\, J = 2 \cdot 10^{-9}\, J$$

Wenn man jetzt noch weiß, wie viel kinetische Energie die gleichförmige Bewegung der Kugel enthält, braucht man diesen Wert nur durch e_T zu dividieren, um die Zahl der Informationsbits zu erhalten. Für die kinetische Energie E_{kin} verwenden wir die Formel

$$E_{kin} = \frac{1}{2} \cdot m \cdot v^2 \quad .$$

Einsetzen der Werte ergibt:

$$E_{kin} = \frac{1}{2} \cdot 1\, kg \cdot (10\, \frac{m}{s})^2 = 50\, J$$

Dividiert man die 50 Joule durch den Wert von e_T, so bekommt man als Ergebnis:

$$2{,}5 \cdot 10^{10}\, Bit$$

Die Energie der gleichförmigen Bewegung der Stahlkugel ist äquivalent zu dieser Informationsmenge. **Auf analoge Weise kann man jeden Energiebetrag in Information umrechnen.**

4. Einige Folgerungen.

4.1 Information als Grundbaustein der Raumzeit-Geometrie.

Unter **Raumzeit** versteht man in der Physik ein Gebilde, bei dem ein dreidimensionaler Raum und die Zeit als vierte Dimension miteinander verschmolzen sind. Die Zeitdimension wird dabei wie eine Raumdimension behandelt. Die Berechnung des Abstands zweier Raumzeit-Punkte hängt vom Bewegungszustand des Beobachters ab. Dieser Bewegungszustand bestimmt, was als räumlicher und was als zeitlicher Abstand erscheint.

Die Grundlagen der Raumzeit wurden maßgeblich von Albert Einstein in der Relativitätstheorie gelegt. Die spezielle Relativitätstheorie ist eine Theorie über Raum und Zeit, in der vorausgesetzt wird, dass in allen relativ zueinander gleichförmig bewegten Inertialsystemen die gleichen physikalischen Gesetze gelten.

Die Allgemeine Relativitätstheorie (kurz: ART) ist eine Theorie der Gravitation (= gegenseitige Anziehung von Massen). Da Gravitation nicht von der Beschleunigungskraft unterschieden werden kann (Äquivalenzprinzip), deutet die ART die Gravitation als geometrische Eigenschaft der vierdimensionalen Raumzeit, die durch die Anwesenheit von Massen gekrümmt wird. Gravitation ist nach der ART keine Kraft, sondern Geometrie. Objekte sind deshalb nicht der Gravitationskraft unterworfen, sondern folgen einfach den Konturen der Raumzeit, die von Massen erzeugt werden. Die ART ist hinreichend experimentell bestätigt und allgemein anerkannt.

Einstein formulierte seine Schlussfolgerung aus der allgemeinen Relativitätstheorie über das Wesen des Raumes so:

Wenn man das Gravitationsfeld [...] weggenommen denkt, so bleibt nicht etwa Raum [...], sondern überhaupt nichts übrig.[22]

Das bedeutet: **Ohne Massenenergie, die das Gravitationsfeld erzeugt, existiert weder Raum noch Zeit.**

Die Gleichungen, mit deren Hilfe die Geometrie der Raumzeit berechnet werden kann, sind die Einsteinschen Feldgleichungen. Diese nehmen unter Auslassung der kosmologischen Konstanten, über die sich Einstein selbst nicht immer schlüssig war, folgende Form an:

$$G_{\mu\nu} = \kappa \cdot T_{\mu\nu} \quad (4.1).$$

Wobei der geometrische Tensor $G_{\mu\nu}$ als Einsteintensor bezeichnet wird. Dieser dient zur Beschreibung der Raumzeit-Krümmung und zur Abstandsberechnung zweier Raumzeitpunkte. Die Konstante κ heißt Einsteinsche Gravitationskonstante, oder einfach Einsteinkonstante und wird als Proportionalitätsfaktor angenommen. $T_{\mu\nu}$ ist der Energie-Impuls-Tensor, der alle Materie- und Energiefelder umfasst.

Es fällt auf, dass nicht von einer einzigen Feldgleichung die Rede ist, sondern von Gleichungen. Das liegt daran, dass $T_{\mu\nu}$ und $G_{\mu\nu}$ nicht gewöhnliche Variable sind, sondern Tensoren. Vereinfacht ausgedrückt ist ein Tensor in der Physik meist eine quadratische Anordnung von Zahlen, mit der die Möglichkeit besteht, die Gleichungen für die

---

22 Einstein (1973), S. 125

Naturgesetze so darzustellen, dass diese in beliebigen Koordinatensystemen die gleiche Gestalt annehmen. Bei den obigen Feldgleichungen bestehen die Tensoren aus vier Zeilen und vier Spalten, das ergibt insgesamt sechzehn Elemente und jedem dieser sechzehn Elemente entspricht eine Feldgleichung. Die Darstellung (4.1) mit Tensoren, dient allein der Übersichtlichkeit.

Wenn jedem Punkt des Raumes ein Tensor zugeordnet ist, dann handelt es sich um ein Tensor**feld**. Aus dem gleichen Grund ist auch die Rede von **Feld**gleichungen.

Das Ziel der Feldgleichungen liegt darin, alle Materie- und Energiefelder in Form des Tensors $T_{\mu\nu}$ vorzugeben und daraus dann die Geometrie der Raumzeit zu bestimmen.

Allerdings deutet ein Gleichungssystem mit sechzehn Feldgleichungen, wobei es für jeden Raumpunkt einen Tensor gibt, darauf hin, dass es sehr kompliziert wird, Lösungen zu finden. Doch diese Aufgabe können wir getrost denen überlassen, die sich dazu berufen fühlen, denn uns geht es zunächst darum, nachzuvollziehen, warum nichts mehr übrig bleibt, weder Raum noch Zeit, wenn die Massenenergie, die das Gravitationsfeld erzeugt, nicht vorhanden ist.

Die Gleichungen (4.1) zeigen Folgendes, auch ohne in die Details der Umformung und Auflösung solcher Gleichungen einzusteigen: Wenn auf der rechten Seite der Tensor $T_{\mu\nu}$ nur aus Nullen besteht, dann kann auf der linken Seite der Gleichung keine Geometrie $G_{\mu\nu}$ der physikalischen Realität mehr übrig sein. Jede Raumgeometrie, die nicht aus dem Energie-Impuls-Tensor entsteht, ist ein Gebilde der geistigen Ebene. Die Schlussfolgerung daraus lautet: **Die Geometrie von Raum und Zeit wird durch Materie und Energie gebildet.**

Des weiteren geht es darum, den Zusammenhang zwischen Information und der Raumzeit aufzudecken. Dazu schauen wir uns den Energie-Impuls-Tensor genauer an.

In die Einsteinschen Feldgleichungen geht der Energie-Impuls-Tensor der Hydrodynamik ein, weil die Galaxien im Kosmos als Elemente einer idealen „kosmischen Flüssigkeit" behandelt werden. Für die prinzipiellen Betrachtungen dieses Kapitels kann man sich verschiedene Vereinfachungen vorstellen. Wenn man den Beobachter relativ zu seinem System Erde und eigene Galaxie, als ruhend betrachtet und außerdem der Druck verschwindet, dann besteht der Energie-Impuls-Tensor nur noch aus der Energiedichte $w = \varrho \cdot c^2$, (ρ = Dichte, Einheit: kg/m^3) oder aus der gravimetrischen Energiedichte (Einheit: J/kg). Der Tensor hat dann die besonders einfache Form bei der alle sonstigen Elemente 0 sind:

$$T_{\mu\nu} = \begin{pmatrix} w & 0 & 0 & 0 \\ 0 & 0 & 0 & 0 \\ 0 & 0 & 0 & 0 \\ 0 & 0 & 0 & 0 \end{pmatrix} \quad (4.2).$$

Wie wir in den beiden vorherigen Kapiteln (S. 57 ff und S. 63 ff) gesehen haben, ist die **Energie und damit auch die Energiedichte w äquivalent zu einer bestimmten Menge an Information,** die berechnet werden kann. Man kann sich außerdem vorstellen, dass unter bestimmten physikalischen Umständen (vgl. Seite 28 ff., Phasen der Szilard-Maschine), die **Energie in Form von Information vorliegt.** Beispielsweise herrschte im Augenblick der Singularität des Urknalls ein solcher Zustand, als Energie vorhanden war, aber noch kein Raum und keine Zeit. **Ohne Raum und Zeit kann Energie aber nicht in Form von Massen, Feldern oder Strahlung vorliegen,** sondern nur in Form von äquivalenter Information (siehe auch das „metrikfreie Vakuum" im folgenden Kapitel).

Wenn nun im Energie-Impuls-Tensor die Energie in Form von Information eingeht, dann gilt: **Raum und Zeit entstehen aus Information.**

Darüber hinaus kann man den Energie-Impuls-Tensor generell durch einen Tensor ersetzen, der nur die äquivalente Information anstelle von Masse und Energie enthält. Dadurch hat man die Einsteinschen Feldgleichungen quantisiert, denn Informationsbits sind automatisch auch Quanten.

4.2 Das metrikfreie Vakuum als Hintergrundfeld in der Physik.

Ein metrikfreies Vakuum[23] kann als ein Vakuum ohne metrischen Tensor definiert werden. In so einem Vakuum gibt es weder Raum noch Zeit. Es ist auch keine Art Behältnis und deshalb verschieden von dem, was als Grundzustand in der Physik definiert ist.

Das metrikfreie Vakuum scheint ein abstraktes mathematisches Gebilde zu sein, aber es ist das Modell einer Entität der physikalischen Realität, nämlich des

---

23 Vgl. Sedlacek (2008), S. 60 ff.

kosmischen Hintergrunds. Wenn die Standardkosmologie richtig ist, dann muss es ein **kosmisches Hintergrundfeld** geben, in dem Raum und Zeit erst durch die Anwesenheit von Materie und Energie gebildet werden. Infolge der Expansion des Weltalls wird in diesem kosmischen Hintergrundfeld sogar ständig neuer Raum gebildet.

Information hat zwar die Einheit Bit, besitzt aber keine physikalische Dimension, vergleichbar mit einem Winkel, der auch keine Dimension hat. Dadurch ist Information nicht abhängig von Raum oder Zeit. Das passt zum metrikfreien Vakuum, in dem keine Entitäten existieren können, die eine Raumzeit-Dimension haben. Dimensionslose Information kann dagegen im metrikfreien Vakuum enthalten sein.

Im Augenblick der kosmischen Singularität (Urknall), als es weder Raum noch Zeit, aber schon Energie gab, muss diese irgendwo gewesen sein. Die Lösung lautet: Sie befand sich in Form von äquivalenter Information im metrikfreien Vakuum.

Das metrikfreie Vakuum kennt keine Koordinaten, keinen Ort und keine Zeit, um etwas zu lokalisieren. Über die physikalische Bedeutung gibt es dennoch die Möglichkeit, Information und dazu äquivalente Energieeinheiten zu identifizieren. Das soll jedoch an dieser Stelle nicht weiter diskutiert werden. Hier geht es nur darum zu zeigen, wie die kosmische Konstante der Einsteinschen Feldgleichungen in der ART auch das metrikfreie Vakuum begründet.

Ursprünglich fügte Einstein seinen Feldgleichungen einen weiteren additiven Term hinzu, der aus einer

Konstanten Λ und dem metrischen Tensor $g_{\mu\nu}$ besteht, der zur Abstandsberechnung dient. Der Zweck dieses Terms war es, das Universum als statisch zu beschreiben. Ohne den Term beschreiben die Feldgleichungen dagegen ein dynamisches Universum. Als Edwin Hubble wenig später Beobachtungsergebnisse für die Expansion des Weltalls vorlegte, entfernte Einstein die kosmologische Konstante wieder aus den Formeln.

Heute gibt es jedoch rätselhafte Beobachtungsergebnisse, die nur dann einigermaßen erklärt werden können, wenn die kosmologische Konstante einen positiven Wert besitzt. So ist der Term mit der kosmologischen Konstanten Λ wieder in die Feldgleichungen hineingekommen. Diese sehen nun so aus:

$$G_{\mu\nu} + \Lambda \cdot g_{\mu\nu} = \kappa \cdot T_{\mu\nu} \quad (4.3)$$

Man hat Überlegungen angestellt, was die Feldgleichungen für den Fall eines Vakuums aussagen. Das Vakuum der Mainstream-Physik wird als ein leerer Raum angesehen, in dem Felder und Teilchen vollständig fehlen. Ob diese Annahme berechtigt ist, können wir gleich selbst entscheiden.

Für den Fall des Vakuums, wenn keine Gravitationskräfte wirken, gibt es auch keine Krümmung der Raumzeit. Für den geometrischen Tensor gilt dann: $G_{\mu\nu} = 0$. Unter Verwendung der Definition der Einsteinkontanten

$$\kappa := \frac{8 \cdot \Pi \cdot G}{c^4} \quad (4.4)$$

(G=Newtonsche Gravitationskonstante, c = Lichtgeschwindigkeit) folgt aus (4.3):

$$\Lambda \cdot g_{\mu\nu} = \frac{8 \cdot \Pi \cdot G}{c^4} \cdot T_{\mu\nu}^{(vac)} \quad (4.5).$$

Umformung ergibt:

$$\frac{c^2 \cdot \Lambda}{8 \cdot \Pi \cdot G} \cdot c^2 \cdot g_{\mu\nu} = T_{\mu\nu}^{(vac)} \quad (4.6).$$

Der konstante Bruch-Term wird als Vakuum-Energie $\rho_{(vac)}$ bezeichnet:

$$\varrho_{(vac)} := \frac{c^2 \cdot \Lambda}{8 \cdot \Pi \cdot G} \quad (4.7).$$

Wenn die kosmologische Konstante Λ verschwindet, dann verschwindet auch die Vakuum-Energie.

Interessant wird diese Herleitung der Vakuum-Energie, wenn man sich den metrischen Tensor $g_{\mu\nu}$ näher betrachtet. In der allgemeinen Relativitätstheorie ist

$$g_{\mu\nu} = \begin{pmatrix} -1 & 0 & 0 & 0 \\ 0 & 1 & 0 & 0 \\ 0 & 0 & 1 & 0 \\ 0 & 0 & 0 & 1 \end{pmatrix} \quad (4.8).$$

Vereinfacht ausgedrückt, repräsentiert jedes von Null verschiedene Element von $g_{\mu\nu}$ eine Koordinate der Raumzeit. Die -1 repräsentiert die Zeitkoordinate, die übrigen Werte die drei Raumkoordinaten. Unter den für (4.2) gemachten Annahmen (alle Elemente im Energie-Impuls-Tensor werden zu null, außer der Energiedichte w), erhält man ausgeschrieben:

$$\varrho_{(vac)} \cdot c^2 \cdot \begin{pmatrix} -1 & 0 & 0 & 0 \\ 0 & 1 & 0 & 0 \\ 0 & 0 & 1 & 0 \\ 0 & 0 & 0 & 1 \end{pmatrix} = \begin{pmatrix} w_{(vac)} & 0 & 0 & 0 \\ 0 & 0 & 0 & 0 \\ 0 & 0 & 0 & 0 \\ 0 & 0 & 0 & 0 \end{pmatrix}$$

(4.9).

Nun ist leicht einzusehen, dass nach der Umformung nur der Anteil übrig bleibt, der sich auf die Zeitkoordinate bezieht:

$$-\varrho_{(vac)} \cdot c^2 = w_{(vac)} \quad (4.10).$$

Alle anderen Vakuumenergieanteile, die im Vakuum der Mainstream-Physik, also im leeren Raum lokalisiert werden könnten, verschwinden. Da die Energiedichte durch $w = \varrho \cdot c^2$ definiert ist, führt das negative Vorzeichen auf einen Widerspruch. Das bedeutet, dass die Vakuumenergie nicht in positiver Zeit lokalisiert werden kann. Wenn die Vakuumenergie existiert, dann existiert sie gewissermaßen in einem Bereich außerhalb der Raumzeit, also im metrikfreien Vakuum.

Das lässt folgende Schlüsse zu:

- **Wenn die Vakuum-Energie existiert, dann existiert auch ein metrikfreies Vakuum.**
- **Die Vakuum-Energie ist nicht die Energie des „leeren Raumes", sondern die Energie des metrikfreien Vakuums.**

Die Existenz einer positiven kosmischen Konstanten entscheidet nicht nur über die Existenz der Vakuumenergie, sondern auch über die Existenz des metrikfreien Vakuums. Die Beobachtungen der Kosmologie sprechen dafür, dass eine positive kosmische Konstante und damit das metrikfreie Vakuum existiert.

5. Resümee.

In diesem Kapitel soll nun eine kleine Zusammenfassung

über die gewonnenen Erkenntnisse gegeben werden.

Muster, Formen oder Anordnungen finden sich überall, sowohl in der mikroskopischen, wie der makroskopischen Welt. Sie stellen die syntaktische Seite der Information dar. Diese wurde „statistische Information" genannt. Kommt zur statistischen Information Bedeutung hinzu, dann handelt es sich um Strukturinformation.

Wenn Information eine abstrakte, geistige Substanz wäre, könnte sie nicht mit Objekten der physikalischen Ebene interagieren. Daraus folgt, dass Information der physikalischen Realität angehören muss. Die Boltzmannbeziehung setzt unbekannte Information gleich mit Entropie. Aus einer Entropie-Differenz kann man die Arbeitsfähigkeit einer Wärmeenergiemenge berechnen.

> *Die thermodynamische Entropie-Differenz ist äquivalent zu einem Energiebetrag. Gleichzeitig ist die Entropie äquivalent zu einer Informationsmenge. Also ist eine Informationsdifferenz auch äquivalent zu einem Energiebetrag. Oder verkürzt ausgedrückt, Information ist äquivalent zu Energie.*

Die **Bedeutung** eines Systems der physikalischen Realität ergibt sich bereits auf physikalischer Ebene durch die Relationen zwischen den Elementen des Systems. Bedeutung ist eine zweistellige Relation von etwas für etwas.

Eine dritte Informationsart ist **Substanzinformation**, die per Definition eine Substanz der physikalischen Realität ist. Die Masse m eines Teilchens und Substanzinformation I sind äquivalent. Die Zahl I der Bits ist der Betrag an Substanzinformation, **der ein Teilchen gestaltet**. Aufgrund Einsteins berühmter Formel $E = m \cdot c^2$ ist Substanzinformation auch äquivalent zu Energie.

Energiehaltige Informationsbits können für die Gestaltung von Teilchen oder die Verrichtung von Arbeit verwendet werden. Je nach Verwendung ist das Energieäquivalent eines Informationsbits unterschiedlich. Aber es gibt eine Basistemperatur, an der beide Energieäquivalenzwerte gleich sind. Das Energieäquivalent eines Informationsbits bei Basistemperatur ist:

$$e_B = 10^{-53}\, J$$

Mit dieser Beziehung kann man jeden Energiebetrag in Information umrechnen und umgekehrt.

Eine der Folgerungen aus der Äquivalenz von Information und Energie ist, dass es einen Zusammenhang zwischen Information und der Raumzeit gibt. Im Augenblick der Singularität des Urknalls als Energie vorhanden war, aber noch kein Raum und keine Zeit, konnte Energie nicht in Form von Massen, Feldern oder Strahlung vorliegen, sondern nur in Form von äquivalenter Information. In die Einsteinschen Feldgleichungen der Allgemeinen Relativitätstheorie muss in der Singularität des Urknalls die Energie im Energie-Impuls-Tensor in Form von Information eingesetzt werden. Das bedeutet: **Raum und Zeit entstanden aus energiehaltiger Information** und entstehen immer noch.

Wenn die Standardkosmologie richtig ist, dann muss es auch ein **kosmisches Hintergrundfeld** geben, in dem Raum und Zeit erst durch die Anwesenheit von Materie oder

Energie gebildet werden. Das kosmische Hintergrundfeld kann als ein **metrikfreies Vakuum** angesehen werden, d. h. als ein Vakuum ohne metrischen Tensor, ohne Raum und Zeit.

Information hat zwar die Einheit Bit, besitzt aber keine physikalische Dimension, vergleichbar mit einem Winkel, der auch keine Dimension hat. Dadurch ist Information nicht abhängig von Raum oder Zeit. Das passt zum metrikfreien Vakuum, in dem Information, aber keine Entität existieren kann, die eine Raumzeit-Dimension besitzt.

Das, was namhafte Physiker schon seit Langem vermuteten, ist nun begründet, denn ...

> ... vieles spricht dafür, dass
> Information äquivalent zu Masse und Energie ist,
> Raum und Zeit aus Information hervorgehen.
> Das lässt nur einen Schluss zu:
> Information ist der wahre Grundbaustein der Welt.

6. Literatur.

Bennet, Charles H.: *Maxwells Dämon,* in: Spektrum der Wissenschaft, Heft 1/1988, S. 48-55

Bekenstein, J.D.: *Phys. Rev. D7* (1973) 2333 und *Phys. Rev. D23* (1981) 278

Blome, Hans-Joachim u. Zaun, Harald: *Der Urknall – Anfang und Zukunft des Universums,* München (2. aktualisierte Auflage 2007)

Einstein, A.: *Über die spezielle und die allgemeine Relativitätstheorie,* Vieweg+Sohn, Braunschweig (1973)

DIN 19226 Teil 1, Deutsche Elektrotechnische Kommission im DIN und VDE (DKE) Februar 1994

Görnitz, Th. Graudenz, D., Weizsäcker, C.F.v.: *Quantum Field Theory of Binary Alternatives,* Intern. J. Theoret. Phys. 31 (1992) 1929-1959

Görnitz, B & Th.: *Der kreative Kosmos – Geist und Materie aus Quanteninformation,* Spektrum, Heidelberg (2007)

Goswami, Amit: *Die schöpferische Evolution. Zwischen Gottesglaube und Darwinismus,* Lüchow, Stuttgart (2009), S. 31 f.

Hawking, S. W.: *Particle creation by black holes,* Comm. Math. Phys. 43 (1975) 199-220

Heisenberg, Werner: *Quantentheorie und Philosophie,* Reclam, Stuttgart (2008), S. 43

Penrose, R.: *The Emperor's New Mind.* Oxford University Press, Oxford (1989; Deutsch: *Computerdenken,* Spektrum, Heidelberg (1991)

Sedlacek, Klaus-Dieter: *Unsterbliches Bewusstsein. Raumzeit-Phänomene, Beweise und Visionen,* Norderstedt (2008)

Sedlacek, Klaus-Dieter: *Supervereinigung. Wie aus nichts alles entsteht. Ansatz einer großen einheitlichen Feldtheorie,* Norderstedt (2010)

Szilárd, Leo: *Über die Entropieverminderung in einem thermodynamischen System bei Eingriffen intelligenter Wesen.*

In: Zeitschrift für Physik 1929; 53: 840-856

Zeilinger, Anton: *Einsteins Spuk: Teleportation und weitere Mysterien der Quantenphysik,* Goldmann, München (2007)

7. Index

Wie intelligent sind Pflanzen?

In diesem Buch behandeln die Autoren Fragen zum Thema Intelligenz und Bewusstsein bei Pflanzen und geben Antworten. Der Biologe Prof. Dr. phil. Adolf Wagner hat neben weiteren Biologen seiner Wirkungszeit schon früher grundlegende Erkenntnisse über die Intelligenz der Pflanzen veröffentlicht, und das in gemeinverständlicher Form. Seine Erkenntnisse sind hier in den Kontext der aktuellen Forschung eingebunden. Die zahlreichen Abbildungen gestatten dem Leser, tief gehende Einblicke in die geheimnisvolle Wesensseite der Pflanzen zu nehmen. Ein eigenes Kapitel mit den aktuellen Ergebnissen der Bewusstseinsforschung beantwortet die Frage, ob Pflanzen eine Art Bewusstsein haben. Insgesamt ist ein aktuelles Werk entstanden, das eine der spannendsten Fragen unserer Zeit nicht nur berührt, sondern auch Antworten gibt.

Bibliographische Angaben:
Buchtitel: Wie intelligent sind Pflanzen?: Sensationelle Einblicke in die geheime Seite des pflanzlichen Wesens
Autor(en): Adolf Wagner; Klaus-Dieter Sedlacek
Taschenbuch: 224 Seiten
Verlag: Books on Demand
ISBN 978-3-7412-7941-6
Ebook: ISBN 978-3-7431-8430-5

NATURWISSENSCHAFT, PHYSIK UND ASTRONOMIE

- **Äquivalenz von Information und Energie.** Von: K.-D. Sedlacek.

- **Das Gesetz im Zufall:** Wie sich verborgene Gesetzlichkeit manifestiert. Von: Moritz Cantor u. K.-D. Sedlacek (Hrsg.).

- **Der Widerhall des Urknalls:** Spuren einer allumfassenden transzendenten Realität jenseits von Raum und Zeit. Von: K.-D. Sedlacek.

- **Einsteins Relativitätstheorie ganz ohne Mathematik.** Spezielle und allgemeine Relativitätstheorie. Von: Prof. Dr. Paul Kirchberger u. K.-D. Sedlacek (Hrsg.).

- **Freizeitvergnügen Sternenhimmel mit bloßem Auge:** Wie man Sternbilder auffindet ohne Instrumente. Von: Prof. Dr. Paul Kirchberger u. K.-D. Sedlacek (Hrsg.).

- **Phänomen Naturgesetze:** Das Geheimnis hinter den Erscheinungen der Welt. Von: K.-D. Sedlacek.

- **Supervereinigung:** Wie aus nichts alles entsteht. Von: K.-D. Sedlacek.

- **Die Natur psycho-physikalischer Phänomene.** Erforschung telekinetischer Vorgänge. Von: Schrenck-Notzing, A. u. Klaus D Sedlacek (Hrsg.).

- **Giganten der Physik.** Die Top10-Physiker der Menschheitsgeschichte. Von: Klaus-Dieter Sedlacek (Hrsg.).

CHEMIE

- **Der Stein der Weisen:** Wie die Alchemie zur Chemie wurde. Von: Wilhelm Ostwald et. al. u. K.-D. Sedlacek (Hrsg.).

- **Durchblick Chemie:** Praktische Grundlagen und Einführung in die anorganische, organische und Biochemie. Von: Prof. Dr. Lassar-Cohn, Prof. Dr. W. Löb, K.-D. Sedlacek.

NATUR- UND PHILOSOPHIE

- **Die letzten Ursachen.** Das Buch der Naturerkenntnis. Von: K.-D. Sedlacek.

- **Gebundener Wille:** Wie frei ist menschlicher Wille tatsächlich? Von: K.-D. Sedlacek, G.F. Lipps et. al.

- **Jenseits der Erscheinungen:** Erkennbarkeit und Realität der Quantennatur. Von: Prof. Dr. M. Schlick u. K.-D. Sedlacek (Hrsg.).

- **Kleines Wörterbuch der Natur-Philosophie:** 1200 Begriffe, die man kennen sollte, kurz und prägnant. Von: K.-D. Sedlacek.

- **Naturphilosophie:** Das Wesen von Naturgesetzen und die Erklärung des Lebens. Von: Prof. Dr. M. Schlick u. K.-D. Sedlacek (Hrsg.).

- **Vereinbarkeit von Religion und Naturwissenschaft.** Von: Kurd Laßwitz u. K.-D. Sedlacek (Hrsg.).

- **Das Konzept des Guten.** Sinnliches Empfinden – Der Ursprung unserer Wertvorstellungen. Von: Klaus-Dieter Sedlacek (Hrsg.)

– Ist echte Erkenntnis möglich?
Einführung in die Erkenntnistheorie.
Von: Prof. Dr. Erich Becher u. K.-D.
Sedlacek (Hrsg.).
– Das individuelle Ich: Was ist der
Kern des Selbstbewusstseins? Von:
Th. Lipps u. K.-D. Sedlacek (Hrsg.).

BEWUSSTSEIN

– Leben nach dem Leben:
Befreiung des Bewusstseins von den
Fesseln der Zeit. Von: K.-D. Sedlacek.
– Quantenbewusstsein. Von: N.
Wrobel u. K.-D. Sedlacek.
– Synthetisches Bewusstsein.
Von: K.-D. Sedlacek.
– Unsterbliches Bewusstsein:
Raumzeit-Phänomene, Beweise und
Visionen. Von: K.-D. Sedlacek.

LEBEN UND MEDIZIN

– Leben aus Quantenstaub. Von:
N. Wrobel u. K.-D. Sedlacek.
– Was ist Krankheit? Von: N.
Wrobel u. K.-D. Sedlacek.
**– Bewusstsein und
Unsterblichkeit.** Von: C. L. Schleich u.
K.-D. Sedlacek (Hrsg.).
– Die Lebenskraft: Wie Enzyme,
Bewusstsein und quantenbiologische
Effekte das Leben regulieren. Von: K.-
D. Sedlacek u. N. Wrobel.
**– Die verborgene Ordnung des
Weltsystems.** Neue Erkenntnisse über
die schöpferischen Kräfte der Natur.
Von: Dr. h. c. Raoul Francé u. K.-D.
Sedlacek (Hrsg.).

PSYCHOLOGIE

– Gestalt-Psychologie: Einführung
in die neue Psychologie vom
Begründer der Gestaltpsychologie.
Von: Prof. Dr. Kurt Koffka u. K.-D.
Sedlacek (Hrsg.).
**– Die ersten Spuren psychischer
Erscheinungen:** Das psychische
Leben von Mikroorganismen – Eine
Studie in experimenteller Psychologie.
Von Alfred Binet u. K.-D. Sedlacek
(Übers.)

BIOLOGIE

– Wie intelligent sind Pflanzen?
Sensationelle Einblicke in die geheime
Seite des pflanzlichen Wesens. Von:
Prof. Dr. phil. Adolf Wagner u. K.-D.
Sedlacek.